地球温暖化敗戦

日本経済の絶望未来

山田順

目次

第2章　世界を襲う気候変動の猛威

第3章　東京もNYも水没する未来図

第4章　じきに食料危機が襲って来る！

第5章　カーボンニュートラル達成できず

第7章　大丈夫かトヨタ、「EV敗戦」濃厚

第8章　半導体敗戦の二の舞、「バッテリー敗戦」

第9章　環境先進国だったのがなぜ？

第10章　地球温暖化はウソ？　懐疑論・陰謀論の罠

はじめに

「このままでは本当にまずい」

新型コロナのパンデミックの最中から、そういう声を各方面で聞くようになった。なにがまずいのかといえば、日本の地球温暖化対策が世界から〝周回遅れ〟〝方向違い〟になっていることだ。「周回遅れならまだいい。2周も3周も遅れているうえ、対策の方向が間違っている」という専門家もいる。

こう言われると、「そんなことはない。遅ればせながら菅義偉前首相は2020年秋に〝2050年カーボンニュートラル〟を宣言し、日本はそれに向かって世界と歩調を合わせていくことになったではないか」という反論が聞こえてくる。

しかし、ここではっきり書いておきたいが、「カーボンニュートラル」(carbon neutral) はほぼ口先だけの話。日本の現状から見て、実現の可能性は極めて薄い。具体的な計画もロードマップもあいまいだからだ。その後、菅前首相は「温室効果ガス」(GHG：Greenhouse Gas、グリーンハウスガス) を2013年度比で46％削減するという目標を設定したが、これは世界の主要国と比べると明らかに低い。

思い出されるのは、２００９年9月、当時の鳩山由紀夫首相が、ニューヨークでの国連本部で開かれた「気候変動サミット」で行ったスピーチだ。

「ＩＰＣＣ（Intergovernmental Panel on Climate Change：国連気候変動に関する政府間パネル）における議論を踏まえ、先進国は、率先して排出削減に努める必要があると考えています。わが国も長期の削減目標を定めることに積極的にコミットしていくべきであると考えています。また、中期目標についても、温暖化を止めるために科学が要請する水準に基づくものとして、１９９０年比でいえば２０２０年までに25％削減を目指します」

この宣言に、「やはり日本だ」という声も上がったが、その結果は書くまでもない。２０１１年に東日本大震災に見舞われるという不幸もあったが、対策は遅々として進まず、政権が交代すると〝鳩山宣言〟はあっさりと撤回された。

２０１３年1月、就任間もない安倍晋三首相（当時）が、25％削減目標に関してゼロベースでの見直しを指示したのである。安倍元首相が、地球温暖化に関心が薄かったのはよく知られている。

安倍政権の約9年間で、日本の地球温暖化対策はほとんど進まなかった。その進まない針を菅元首相が進めたのが「２０５０年カーボンニュートラル宣言」だった。

「カーボンニュートラル」とは、ひと言で言えば、地球温暖化の原因とされるＧＨＧの主成分である「二酸化炭素」（CO_2）の排出量と吸収量・除去量をニュートラル（均衡）＝プラスマイナスゼロにすること。地球上に人間が排出したCO_2を植物などがすべて吸収すれば、これが実現する。現在、CO_2は、炭素（carbon：カーボン）を含む化石燃料を燃焼したときや、人間や動物が呼吸をしたときに排出され、それが植物などの吸収量を大きく上回っている。

ちなみに、カーボンニュートラルが実現した社会を「脱炭素社会」（decarbonized society：ディカーボナイズド・ソシエティ）と呼んでいる。

現在、世界で行われているカーボンニュートラル政策は、IPCCによる調査研究の結果がベースになっている。IPCCは、地球の気温上昇を1.5℃以内に抑える条件として「2050年ごろまでにカーボンニュートラルを実現させる必要がある」と提唱した。これを受けて、世界の145の国と地域（中国は2060年）がカーボンニュートラルを表明した。

菅政権から地球温暖化対策を引き継いだ岸田文雄政権は、GX（Green Transformation：グリーン・トランスフォーメーション）の積極導入を打ち出し、「GX実行会議」を創設した。GXとは、太陽光や風力・水力などの「再生可能エネルギー」（green energy：グリーン・エナジー、「再エネ」と略）への転換をとおして産業構造を変革し、脱炭素社会の実現と経済成長の両立を図る取り組みのこと。岸田首相は、GX実行会議の創設とともに、脱炭素へ向けて10年間で150兆円超を支出することを表明した。

しかし、GX実行会議での議論を基につくられた「GX推進法案」が2023年4月に国会で成立したが、その中身たるやお寒いかぎりである。まず法案自体が、原子力発電所の「60年超」運転を可能にする五つの関連法の改正案を一本化した「束ね法案」に過ぎなかったこと。次に、再生可能エネルギーを主力電源としながらも、脱炭素の定義がないため、再エネ化の道筋が見えないこと。さらに、当初必要とされる20兆円の財源を「GX経済移行債」という国債でまかなうことなど、これで脱炭素化が本当にできるのかという中身なのだ。

結局、はっきりしたのは、原発の再稼働・新設と運転延長だけである。ウクライナ戦争によってエネルギー事情が逼迫《ひっぱく》するなか、GXという言葉を隠れ蓑にして、再エネ化を原発頼りにしてしまったという印象しか持ちえない。

現在、脱炭素に向けての最大の課題は、世界各国で主流となっている「カーボン・プライシング」(carbon pricing)の導入である。「GX推進法案」では、カーボン・プライシングの導入が盛り込まれたが、その本格稼働は2030年代と、欧米や中国と比べると明らかに遅い。また、いまもなお稼働中の石炭火力をどう削減するかという大問題もある。

岸田首相は安倍元首相と同じく、地球温暖化問題には関心が薄い。そうでなければ、新設のGX実行推進担当大臣に、統一教会問題で火だるまになった萩生田光一経済産業相(当時)を兼務とはいえ起用しないだろう。彼は原発推進派の一人で、これまで環境対策に積極的な発言をしたことはほとんどない。

そればかりか、統一教会問題でウソを連発して辞任に追い込まれた山際大志郎氏を、経済財政政策担当大臣に起用していた。山際氏は地球温暖化懐疑論者であり、これまで炭素税導入に明確に反対を表明してきた人物の一人だ。

このように地球温暖化無関心政権が続いてきたせいか、日本企業はおしなべてカーボンニュートラルに周回遅れになっている。いまや最後に残った日本の主力産業の自動車産業は、いまだにガソリン車が収益の柱である。

時価総額や1台あたりの利益率などで、ＥＶ（Electric Vehicle：電気自動車）一本足打法のテスラに抜かれたトヨタは、２０２２年後半から慌ててＥＶシフトを強めた。そうして、２０２３年4月から豊田章男氏に代わって佐藤恒治氏が社長に就任した。しかし、佐藤社長は、ＥＶに注力するも基本的に「マルチパスウェー」（全方位戦略）でいくことを表明している。

これでは、近い将来クルマがＥＶに一本化されたとき、トヨタが傾くのは確実だ。「このままではトヨタは間に合わないのではないか」という声も聞こえてくる。トヨタは環境団体から、自動車メーカーの脱炭素ランキングでワースト1に認定されている。

たとえば、アップルはすでに自社の世界のすべての施設で再エネ100%を達成済みだ。そして、現在、2030年までに自社のすべてのサプライチェーンでのカーボンゼロを目指している。

地球温暖化といえば、日本人が思い出すのは1997年の「京都議定書」(Kyoto Protocol)だろう。あの当時は、日本はまだ「環境先進国」だった。しかし、いまは間違いなく「環境後進国」である。また、再生可能エネルギーといえば、なんといっても太陽光発電であり、1990年代は日本が世界の太陽光発電をリードしていた。太陽光パネルのシェアは世界一だった。しかし、いまや太陽光パネルのシェアの85%は中国に持っていかれた。

地球温暖化はウソだという懐疑論、陰謀論がある。日本ではなぜかこうした見方が根強い。なにしろ、あのトランプ前大統領は、「それはでっち上げだ」(It's a hoax.)、「中国が自らのためにアメリカの産業の競争力をなくそうとつくったコンセプトだ」(The concept of global warning was created by and for Chinese in order to make U.S. manufacturing non-competitive.)と言ったのだから、無理もない。

実際、トランプ前政権は「パリ協定」(Paris Agreement)から離脱した。

じつは私も、当初は地球温暖化を疑っていた。「温暖化ではなく寒冷化している」「寒冷期と温暖期が繰り返すサイクルに過ぎない」ということのほうが真実ではないかと思っていた時期もある。

しかし、ＩＰＣＣの報告と懐疑論を読み比べつつ、近年の気候変動の猛威をみて考えを改めた。もはや、科学をもって論争しても無意味と思うようになった。ＩＰＣＣが言うような人為的な地球温暖化が事実であろうとなかろうと、この問題はすでに科学論争を超えて経済問題、社会問題になっている。

たしかにいま、世界各国はこの問題に対して温度差がある。しかし、もう方向は決まってしまっている。地球温暖化を防ぎ人類の生き残りを図る。そうしながら経済を回していく。この方向に世界は動いている。

つまり、すでにバスは発車しているのである。

ならば、日本のように乗り遅れているとどうなるかは、言うまでもないと思う。

本書は、地球温暖化を科学的に捉えて論じるものではない。なにしろ、私にはそんな知見がないし、その能力もない。よって、この問題を経済、社会の面から捉え、私たちはどうすべきかを考えていく。このままでは、日本はさらに環境後進国になってしまう。脱炭素競争から脱落すれば、多くの日本企業は凋落《ちょうらく》し、私たちの暮らしはよりいっそう厳しいものになってしまうだろう。

２０２３年５月　山田　順

第1章　「脱炭素」に突き進む世界

●主役はいまや国家から「非国家アクター」に

地球温暖化はもはや科学ではない。温暖化しているのかしていないのか、あるいは人間活動が地球温暖化を加速させているのかいないのか、そんなことを論争する時代ははるか昔に過ぎ去った。

このことは、最近の「COP」（国連気候変動枠組条約締約国会議）を見ればよくわかる。もともとCOPは世界の国々が国家レベルで、地球温暖化、気候変動対策を話し合い、ルール形成をする場だった。それが回を重ねるごとに国家以外の「非国家アクター」（non-state actor）の参加が増大し、一大プレゼン、情報交換、商談の場と化すようになった。そして、会議そのものも、たびたび紛糾するようになった。

非国家アクターの一翼を担う環境NGOは、「私たちは、温暖化に対してこんなふうに取り組んでいます」とアピールし、参加企業や資金を集める。そして、国家は自国の取り組みをアピールして、取り組みが足りないほかの国を非難する。そうして、たいていの場合、資金（カネ）の問題でもめる。それが、最近のCOPである。

非国家アクターというのは、企業、金融機関、地方自治体、市民団体、NGO、環境活動家のグループなど、国家以外の組織の総称だ。国連も「カーボンニュートラル」の実現には、非国家アクターの取り組みが欠かせないという認識を示している。

その結果、COPの会場には、さまざまな非国家アクターのブースが設けられ、そこでは盛んに活動状況がプレゼンされている。また、彼らが主催するインベントやセミナーなども活発に行われている。参加企業は、そうした場をとおして、新しいＧＨＧ（温室効果ガス）技術の情報交換、商談を行っている。

●「Race to Zero」に参加は一種の〝踏み絵〟

そんな非国家アクターを束ねて、脱炭素への動きを加速させようと画策されたのが、「Race to Zero」というキャンペーンである。音頭をとったのは、「ＵＮＦＣＣＣ」（United Nations Framework Convention on Climate Change：国連気候変動枠組条約）事務局。２０２０年6月5日の「世界環境デー」に始まったこのキャンペーンは、世界がコロナ禍の最中にあっても拡大を続け、２０２２年末現在で、企業や自治体、ＮＧＯなどの参加数は合計で1万１０００を超えた。

「Race to Zero」が目指すのは、そのネーミングにあるように、CO_2ゼロの世界だ。遅くとも２０５０年までにＧＨＧの排出量を正味ゼロにすることである。

したがって、これを確約することがキャンペーンの参加条件であり、さらに２０３０年の中間目標を約束すること、目標達成のために必要な行動を説明すること、目標に対する進捗状況の報告を約束するなど、厳しい条件が設定されている。

ここまで参加条件が厳しいのに、参加数が増え続けているのは、これが一種の〝踏み絵〟だからだ。

「Race to Zero」に参加しない企業や自治体には、「地球温暖化に対する取り組みが足りない」というレッテル貼りがされてしまう。

そうなると、近年はなにかと不都合、不利益になるため、渋々でも参加せざるをえなくなっている。「Race to Zero」への参加は、日本からは「ＪＣＩ」（Japan Climate Initiative：気候変動イニシアティブ）をとおして行われている。ＪＣＩは日本における非国家アクターのネットワークで、発足は２０１８年。当初、参加数は１０５団体だったが、２０２２年末にはなんと７００団体を超えた。

●企業の地球温暖化への取り組みをスコア評価

地球温暖化、気候変動を語るとき、日本人がとまどうのが、用語が横文字（英語）ばかりだということだろう。そんななかの一つに「イニシアティブ」（initiative）があり、前記した「ＪＣＩ」の「Ｉ」もイニシアティブである。

非国家アクターには、このイニシアティブがつく組織がけっこう多い。イニシアティブの意味は、「主導する、率先する」だから、彼らは地球温暖化対策、すなわちカーボンニュートラルを主導・率先して実現しようとしているわけだ。

こうしたイニシアティブがつく組織では、「ＧＨＧプロトコル」を金科玉条としている。ＧＨＧとは温室効果ガスのことで、プロトコルとは手順や規格のことだから、要するに、ＧＨＧをどれだけ排出しているかを、このプロトコルに照らしてチェックしようというのだ。

ＧＨＧはCO_2ばかりではない。CH_4（メタン）、N_2O（一酸化二窒素）、ＨＦＣ（フロン類）、ＰＦＣ（フロン類）、SF_6（六フッ化硫黄）、NF_3（三フッ化窒素）があり、これらの排出量が「Ｓｃｏｐｅ」（スコウプ）という独自のプロトコルに沿って算定される。「Ｓｃｏｐｅ」は「Ｓｃｏｐｅ１」から「Ｓｃｏｐｅ３」までの三つの範囲分けがあり、それぞれ細かく決められているが、ここでは説明しない。

それよりいま、ＧＨＧプロトコルのような規格を基にしてなにが行われているか、そのほうが大事だ。

たとえば、イギリスの非国家アクターで代表的な環境ＮＧＯの「ＣＤＰ」（Carbon Disclosure Project：カーボン・ディスクロージャー・プロジェクト）は、世界の有力企業に質問書を送り、その回答によってカーボンニュートラルに対する取り組みの「格付け」（スコアリング）を行っている。そうして、地球温暖化対策のイニシアティブをとっている。

ＣＤＰがつけるスコアは、８段階に分かれていて、最高グレードは「Ａ＋《エープラス》」で最低グレードは「Ｄ－《ディーマイナス》」。学校のレポートカードでの成績評価、債権などの格付けと同じだ。Ａ＋の評価は「環境課題の管理に最善の行動を実践している」というもので、これをもらうことで企業価値は高まる。一方、最低グレードのＤ－をもらうと、その評価は「質問書に解答しているが、まだ運用管理に向けた努力が未成熟」というものだから、企業活動に大きなダメージを受ける。

なぜなら、投資家は企業の地球温暖化に対する取り組みで投資判断をすることが多くなってきたからだ。いわゆる流行《はや》りの「ＥＳＧ投資」「サスティナブル投資」である。

ＥＳＧとは、「Environment」（環境）、「Social」（社会）、「Governance」（企業統治）のことで、サスティナブル（Sustainable）は「持続可能」という意味。これらに対しての批判はあるが、ともかく環境は間違いなく投資のための重要な要素となっている。

そのため、ＣＤＰには、いまや世界の多くの機関投資家が資金を提供をしており、その額は増える一方である。日本からも、三井住友、三菱ＵＦＪ、みずほなどの金融機関が参加している。となると、もはや世界のどんな企業も、カーボンニュートラルに真剣にならざるをえない。ここでもまた、地球温暖化は、経済（カネ）の問題となっている。

●もめにもめ続けている「ロス&ダメージ」

２０２２年11月にエジプトのシャルム・エル・シェイクで約２週間にわたって開催された前回の「第27回国連気候変動枠組会議」（ＣＯＰ27）もまた、カネでもめた。

ＣＯＰ27の最大の課題は、「loss and damage」（ロス&ダメージ：減失&損傷）だった。この「ロス&ダメージ」という言葉は、法律用語であり、日本語で端的に言えば「損害賠償」である。したがって、これを地球温暖化の文脈で言うと、途上国が先進国に対して損害賠償をしてほしいという話になる。

つまり、地球温暖化は先進国が大量にGHGを排出してきたために起こった。その被害をもっとも受けたのは途上国である。それなのに、いまさら先進国と同じレベルでカーボンニュートラルをするというのは不公平であり、なによりもそのための資金がない。ならば、先進国は責任を認めて資金を出すべきだというのだ。

これが「ロス&ダメージ」の論理であり、COPではこの問題をめぐって長い間もめてきた。COP27においても、この問題は優先的に取り上げられ、ホスト国のエジプトの提案によって正式な議題となったため、さらに議論が紛糾した。そうして約2週間が過ぎ、今回もまた「ロス&ダメージ」は先送りかと思われた矢先、土壇場になって、かろうじて一つの合意に達した。それは、資金を集めてプールする基金を設立するというものだ。

しかし、基金の中身に関してはなにも決まらなかった。

「誰が資金を提供するのか?」「資金提供は国家以外に、非国家アクターなども含まれるのか? 含まれるとしたらどんな組織か?」から、「資金の受け手である途上国はどうやって選ぶのか?」などまで、具体的なことはみな先送りされた。

「それでも大きな前進です。これまで合意などありえないと思われてきたのが、基金の設立だけとはいえ、合意したのですからね」と、COP27参加の環境NGOの一人は言った。

ここで言えることは、今後、地球温暖化を防止するため、世界中でさらなる資金集めが始まる。そのための負担が、国、企業、個人に求められるということだ。

●「ネットゼロ」とはいったいどういう状況か？

地球温暖化対策のそもそもの始まりは、1992年、GHGの濃度を安定化させることを究極の目標とする「国連気候変動枠組条約」（UNFCCC：United Nations Framework Convention on Climate Change）が採択されことである。

これにより、世界は地球温暖化対策に取り組んでいくことになり、そのための会議であるCOPが1995年から毎年開催されてきた。日本は第1回の会議から、毎回環境大臣を出席させてきた。

こうして約四半世紀が経ったわけだが、「カーボンニュートラル」とほぼ同義で使われている「ネットゼロ」の定義はいまだにはっきりしていない。そのため、企業や組織から家庭や個人にいたるまで、いったいどうすべきか理解できていない状況がある。

ただ、これまで言われてきたことをまとめると、「ネットゼロ」は、GHGの排出量を「正味ゼロ」にすることとされている。そして、正味ゼロとは、GHGの排出量から吸収量や除去量を差し引いた合計をゼロにするということだ。

つまり、GHGの排出を完全にシャットアウトするのではなく、「差し引きゼロ」にするということになる。GHGを完全にシャットアウトしてしまうと経済活動が止まってしまう。そのため、この「差し引きゼロ」という考え方が採用されている。

●社会全体、サプライチェーン全体でゼロに

しかし、「差し引きゼロ」と言っても、なにをどのようにどう差し引くのかは曖昧《あいまい》で、企業や団体などが標榜している方法に統一性はない。そのため、「ネットゼロ」を標榜していても、そのなかには「グリーンウォッシュ」(green wash)としか思えないものがある。グリーンウォッシュとは、本当は環境に配慮していないにもかかわらず、しているように見せかけて商品やサービスを提供することを指す。いわゆる「みせかけの対策」であり、一種の詐欺行為だ。

そこで、国連では「ネットゼロ排出宣言に関するハイレベル専門家グループ」というものを設立し、ＣＯＰ27において、彼らが提案した基準を公表した。

この基準は、大きくまとめると、以下の10項目から成っている。

①１・５℃目標に整合したネットゼロの誓約
②５年ごとにネットゼロ目標を設定
③ボランタリークレジット（民間主導の自主的なクレジット）の規制
④公正な移行に向けた計画の作成
⑤化石燃料の段階的廃止と再生可能エネルギーの拡大
⑥ロビー活動とアドボカシー（権利の擁護や代弁）

⑦人々と自然に対しても公正な移行
⑧トランスピアレンシー（透明性）とアカウンタビリティ（説明責任）の向上
⑨公正な移行への投資
⑩移行計画の作成や情報開示に関する基準・規制の策定

ここで大事なのは③である。これによって、たとえば、化石燃料を使う事業に投資をしながら、それをクレジットで相殺してネットゼロにするような方法は取れなくなった。また、企業の場合、自社だけがネットゼロを目指してもダメで、所属する業界全体で整合性を持った対策を取らなければならなくなった。

結局、政府も企業も一体となって、サプライチェーン全体でネットゼロに取り組んでいかなければならないのである。

●目標をどこまで引き上げるかで対立

では、こうしてネットゼロの定義を決めれば、目標を達成できるのだろうか？　じつは、「もっと思い切った手を打たないと無理だろう」という声のほうが強い。

ＣＯＰ27の直前、２０２２年10月26日に、ＵＮＦＣＣＣの事務局は報告書を公表した。それに

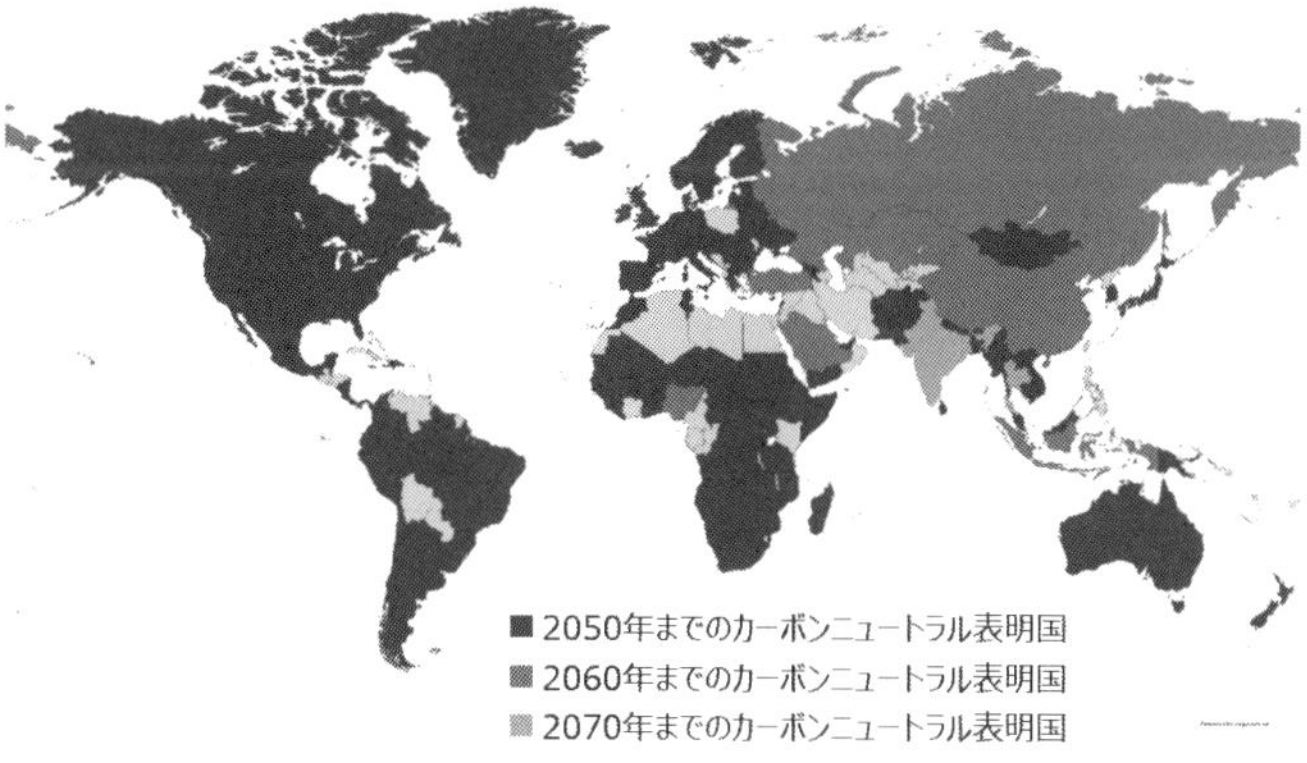

1) ①Climate Ambition Allianceへの参加国、②国連への長期戦略の提出による2050年CN表明国、2021年4月の気候サミット・COP26等における2050年CN表明国等をカウントし、経済産業省作成（2021年11月9日時点）
①https://climateaction.unfccc.int/views/cooperative-initiative-details.html?id=95
②https://unfccc.int/process/the-paris-agreement/long-term-strategies

[図表 1] カーボンニュートラル世界地図
(出典：資源エネルギー庁ウェブサイト
(https://www.enecho.meti.go.jp/about/whitepaper/2022/html/1-2-1.html))

よると、各国が提出したＧＨＧの「削減目標」（ＮＤＣ：Nationally Determined Contribution：国家が決める貢献）をすべて合わせても、世界の気温は２・１～２・９℃上昇していくという。パリ協定で決まった気温上昇の限度は１・５℃。これを達成するために、これまで、世界各国は削減目標を公表してきたが、それだけでは足りないというのだ。

たとえば、日本は菅義偉前政権が「２０５０年カーボンニュートラル宣言」を行い、２０３０年度に２０１３年度比で46％削減することを政府方針として決定した。しかし、環境監視ＮＧＯの「気候アクション・トラッカー」（Climate Action Tracker）によると、46％削減では足りず、62％削減を指針とするべきとされたのである。

このようなことは、日本だけではない。多くの国が削減目標が十分ではないとされた。そのため、COP27では、各国が削減目標をさらに引き上げることが求められることになった。

しかし、各国にはそれぞれの事情があり、思惑も違う。EUやアメリカがいくら訴えても、インドをはじめとする新興国側は引き上げることに同意しない。むしろ、削減目標の引き上げは、先進国の責任転嫁ではないかと主張した。

また、石炭火力発電の削減はもとより、石油や天然ガスを含む化石燃料全般の削減も提案されたが、目ぼしいことはなにも決まらなかった。

こうしてCOP27は特筆すべき成果なしに終わったのだが、それでも、世界のカーボンニュートラルへの流れは変わらない。徐々にだが、ますます強化されていると言っていい［図表1］。

●世界最先端をいくEUとアメリカの政策

改めて述べるまでもなく、世界の地球温暖化対策をリードしているのはEUである。EUが2020年9月に発表した目標では、2030年までにGHGの排出量を1990年比で55％削減することになっている。また、「欧州グリーンディール」（政策パッケージ「Fit for 55」）では、2050年までにGHGの排出量が実質ゼロの社会・経済をつくるとしている。

そのなかでの最大の注目は、２０３５年以降、「ＺＥＶ」(Zero Emission Vehicle：ゼロエミッション車）ではない内燃機関（ＩＣＥ：Internal Combustion Engine）を持つクルマの販売を事実上禁止することだろう。例外として「e-fuel」（合成燃料）の使用車は認めることになったが、この措置はクルマを「ＢＥＶ」（バッテリー電気自動車）に一本化するというもので、世界の最先端をいっている。

欧州に続くのが、アメリカである。

トランプ前大統領は、地球温暖化を信じず、パリ協定から離脱したが、バイデン大統領は復帰して、いままでにない大型の地球温暖化対策を決めた。

２０２1年8月に成立した通称「インフレ抑制法」（ＩＲＡ：Inflation Reduction Act）である。この法案の主目的はインフレ対策だが、実際は地球温暖化対策によって経済を活性化することと、対中国封じ込めによる経済安全保障を確立することを目指している。

実際、バイデン大統領はＩＲＡに署名した際、「この法は気候変動対策ではアメリカ史上最大の前進である」と述べ、３６９０億ドル（約52兆円）を投入することを表明した。

ＩＲＡは、ＧＨＧの排出量を２０３０年までに10億ｔ削減するとし、太陽光発電や風力発電など、クリーンエネルギー技術にかかわる国内製造業への優遇策が盛り込まれた。また、家庭においては、ソーラーパネルの導入やエネルギー効率が高い家電製品を購入した際に税金が控除される措置も導入された。

注目のクルマのＥＶ化促進策は、購入に際しての税額控除が７５００ドル(約１０５万円)とされ、対象となるＥＶとＰＨＥＶ（Plug-in Hybrid Electric Vehicle：プラグインハイブリッド車）は北米で組み立てられた車両にのみ適用されることになった。さらにＥＶに関しては、車載電池の原料に使われる重要鉱物の一定割合をアメリカで調達することが義務づけられた。この結果、日本のＥＶはアメリカ市場から締め出された。

●中国のCO_2排出量は世界でダントツの1位

欧州、アメリカの取り組みは、このように世界をリード（ある意味で混乱）しているが、問題は中国である。世界一のＧＨＧ排出量の中国が、欧州、アメリカ以上に取り組んでいくかどうかである。

［図表2］は、世界各国のCO_2の排出量のランキング上位20カ国である。

このランキングを見れば、中国がダントツの1位であることは一目瞭然である。2位のアメリカから5位の日本を合わせた量より多い。つまり、ＣＯＰが目標としている「気温上昇を1・5℃以内に抑える」ことの達成には、中国の努力が絶対に欠かせない。

この目標を達成するために、２０２１年11月の「ＣＯＰ26」（イギリス、グラスゴー）では、主に次の4点が合意された。

①石炭の段階的廃止の加速

②森林破壊の削減
③電気自動車への切り替えの加速
④再生可能エネルギーへの投資奨励

このどれにおいても、中国の努力が必要不可欠である。

２０２２年の段階で、世界では日本を含め１５４カ国・１地域が、「２０５０年カーボンニュートラル」を表明している。しかし、中国は、世界とは10年遅れの「２０６０年カーボンニュートラル」の表明である。ちなみに、ロシアも「２０６０年」である。

ただそれでも、中国が世界と足並みを揃えたことは大きいとされる。なぜなら、これまでの中国は、ＣＯＰにおいて、途上国が先進国と同じ排出量削減の負担を強いられるべきではないという主張を繰り返してきたからだ。自らを「途上国」である

[図表 2] 世界のCO_2排出量国別ランキング（2021 年）

1位	中国	10,523.03
2位	アメリカ	4,701.11
3位	インド	2,552.83
4位	ロシア	1,581.34
5位	日本	1,053.70
6位	イラン	660.51
7位	ドイツ	628.89
8位	韓国	603.76
9位	サウジアラビア	575.33
10位	インドネシア	572.47
11位	カナダ	527.37
12位	南アフリカ	438.92
13位	ブラジル	436.61
14位	トルコ	403.27
15位	メキシコ	373.76
16位	オーストラリア	369.43
17位	イギリス	337.67
18位	イタリア	311.17
19位	ポーランド	309.14
20位	台湾	279.23

（単位：100 万 t、（出典：BP））

として、地球温暖化対策の費用捻出が容易でない途上国側に立ち、欧米先進国と対立してきた。それが、突然の「2060年カーボンニュートラル」の表明だったから、世界は驚いた。

ではなぜ、中国は方針を変更したのだろうか?

●「2060年カーボンニュートラル」の背景

中国が「2060年カーボンニュートラル」を表明したのは、2020年9月の国連総会だった。習近平《シーチンピン》主席は、「2030年までにCO_2排出量を減少に転じさせ、2060年までには実質ゼロにする」と宣言した。そうして、この目標達成に向け、石炭火力発電所の操業を順次停止していくことも表明した。この中国の方針転換の理由は、大きく二つ考えられる。

一つは、それまで世界の主要国のほとんどがカーボンニュートラルを表明していたので、これ以上先延ばしにすると批判が強まり、経済的にまずいと判断したからだ。

しかも、中国はトランプ前政権によって経済戦争を仕掛けられ、「ディカップリング」(中国排除)が進みつつあった。さらに、新型コロナのパンデミックが起こり、その発生源としての中国への批判が強まっていた。つまり、そうした批判をかわすための表明だというのだ。

たしかにこの見方は当たっている。しかし、それが本当の理由だとしたら、中国の脱炭素はポーズ(見せかけ)に過ぎないということになる。

なぜなら、中国は石炭火力を削減するどころか、２０２１年になると、コロナ禍によるエネルギー事情の逼迫《ひっぱく》を理由に石炭火力発電所を新設・増設したからだ。中国石炭工業協会によると、２０２２年の石炭（原炭）の国内生産量は約45億６０００万ｔで、過去最高を記録。操業再開、新設によって発電された電力の総出力は38・４GW。これは、世界のほかの地域で新たに建設された石炭火力発電所の３倍以上に上った。

中国で石炭火力が総発電量に占める割合は60％を超えていて、コロナ禍によってさらに増加した。しかし、中国がカーボンニュートラルを表明したのは、もう一つの理由のほうが大きい。それは、中国が２０６０年なら十分達成できるという自信を持ち、そうすることで「中国の夢」を実現できると考えたからだ。

習近平が掲げる「中国の夢」とは、清王朝の栄華の時代を理想として、「中華民族の偉大なる復興」と「アメリカに代わって世界覇権」を確立することである。

すでに、地球温暖化問題は経済問題となっている。この点を、もっともわかっているのは中国にほかならない。中国は、古代から「商業」（経済）の国である。中国の古代国家「殷」の王朝名は「商」であり、それは商人の国ということであって、中国というのは王朝がいくら変わっても、その本質は変わらない。共産党独裁政権とはいえ、経済第一である。つまり、中国は地球温暖化対策で世界の覇権を握れると考えたのだ。

実際、中国は石炭を燃やし続ける一方で、「再生可能エネルギー」（renewable energy：以下、再エネと略）に対して世界でも最大級の投資を続けてきた。その結果、再エネが総発電量に占める割合は約30％にまで達し、風力発電、太陽光発電とも、その設備においては世界一の提供国になっている。

また、中国はＥＶの普及にも、これまで世界最大級の投資をしてきた。中国のＥＶメーカーの一つ「ＢＹＤ」（比亜迪：ビーヤーディィ）は、いまやＥＶ販売台数でテスラに迫る勢いである。

●中国の立ち位置はウクライナ戦争で有利に

現在の中国は、ＥＶにしても、バッテリーや太陽光パネルにしても、地球温暖化対策に突き進む世界の国々に「メイドインチャイナ」を買わせようとしている。欧州は「e-fuel」使用のＩＣＥ（内燃機関車）を例外としてＥＶ一本化に一直線だが、欧州の自動車メーカーは中国生産のバッテリーがなければＥＶをつくれない。

世界第4位のCO_2排出国ロシアが起こしたウクライナ戦争も、現在の中国の立ち位置を有利にしている。ロシア発のエネルギー危機が、中国に石炭火力を使い続ける口実を与えている。当のＥＵ、とくにドイツがそうせざるをえなくなったのだから、中国は笑いが止まらないだろう。

一方で石炭火力を使い続け、一方で再エネ、ＥＶなどの地球温暖化対策に邁進《まいしん》する。この中国の戦略は、このまま欧州とアメリカがカーボンニュートラルに向かって進めば進むほど、中国を儲けさせることになる。

「2060年カーボンニュートラル」宣言に続いて、2021年、習近平は、中国の石炭使用量を2025年までにピークアウトさせると発表した。しかし、この目標が多少ずれ込んでも他国は文句は言えまい。いまのところ、中国は石炭火力削減に向けての国家としてのロードマップを示していない。そうしながら、それでも着々とカーボンニュートラルへの道を進んでいると言っていい。

●石炭の最大産地の山西省で進む再エネ化

一方で石炭火力を使い続け、一方で再エネを促進する。そうして、段階的に石炭火力を削減していくという中国の戦略は、すでに大規模に実行されている。

山西省《シャンシー》は中国最大の石炭産地で、その生産量は世界の生産量の約半分に匹敵する。この山西省の石炭産地の中心地である大同《タートン》市の周辺の山々を、いま、中国はソーラーパネルで覆《おお》い尽くそうとしている。100ha規模の太陽光発電所が次々に建設され、山西省は石炭産地から太陽光発電の中心地になろうとしている。大きなニュースになったソーラーパネルがパンダの形をした「パンダ発電所」は、いまや大同市の象徴である。

また、山西省では、太陽光発電、水素製造、エネルギー貯蔵を一体化する事業開発が進んでいる。大同市では、水素製造工場や水素発電所の建設計画が進行中で、水素スタンドを市内の数十カ所に設置することが決まっている。

中国政府は、2025年までに最大年間20万tの「グリーン水素」（水を電気分解し水素と酸素に還元することで生産される水素でCO_2を排出しない）を製造し、5万台の水素燃料自動車（HFCV）を普及させるという目標を掲げている。

強権国家であるだけに、中国は国家プロジェクトならば、強引にでも達成できる。ソーラーパネルが環境破壊だという反対運動など起こらない。起こったとしても、簡単に潰してしまえる。今後の中国では、圧倒的なスピードで、地球温暖化対策が進むだろう。

●「スターン報告書」で強調された経済損出

第1章の最後に述べておきたいのが、「スターン報告書」（Stern Review）という、地球温暖化対策の一種のバイブルについてである。これは、「WB」（世界銀行）の元チーフ・エコノミストで、イギリス政府気候変動・開発における経済担当政府特別顧問のスニコラス・ターン博士が、2006年10月にまとめたもので、正式名は「The Economics of Climate Change」（気候変動の経済学）という。

その名前からわかるように、この報告書は地球温暖化を経済面から捉え、その対策の損得から方法、時期、目標などについて述べている。これまでの世界の地球温暖化対策は、この報告書に沿って進められてきたと言っていい。

「スターン報告書」が強調しているのは、簡単に言うと「地球温暖化を無視すると、その経済損出は莫大なものになる」ということだ。その規模は2度の世界大戦や世界恐慌に匹敵する。もし、対策を取らずに無視すれば、「今世紀の中ごろまでに異常気象によるコストだけでも世界の年間GDPの0・5〜1・0%に達し、温暖化が進むにつれてコストはさらに上昇する」というから、これは一種の〝脅し〟かもしれない。

ただし、「有効な緩和政策を取れば、多くの被害は回避できる」とし、「気候変動への取り組みは、長期的にみると経済成長をも促進する」と指摘しているので、対策をするしかないという結論になる。

こうして、「スターン報告書」では、「GHGの放出を2050年までに現在の4分の3に削減してCO_2濃度を550ppmに抑える」ことを推奨している。そうした場合、その対策コストは平均でGDPの1%程度と見積もられる」ので、対策コストはそれで得られる便益を上回っている。となると、地球温暖化対策は早くやればやるほどコストを抑制できることになる。

しかし、この「スターン報告書」が公表されてから20年弱が経ったが、世界の地球温暖化対策はそれほど進んでいない。そのため、業を煮やした環境アクティビストたちの活動は活発化している。COP26でもCOP27でも、過激な抗議デモやストライキが行われた。また、スウェーデンにはグレタ・トゥーンベリという〝環境少女〟が出現し、国連総会に乗り込んで、怒りのスピーチをするまでになった。

地球温暖化が引き起こす気候変動による被害額は、年々増加している。干ばつ、洪水、山火事など、起こるたびに被害額が計算されているが、最近の国連の統計を見ると、毎年、前年比で約5割は多くなっている。

いまや、地球温暖化による気候変動は、人類が築いてきた経済と文明を破壊しつつあるのだ。

第2章　世界を襲う気候変動の猛威

〝夏の風物詩〟甲子園がなくなる可能性

もはや、「記録的な」とか「観測史上初めて」とかいう言葉は聞き飽きたのではないだろうか。それほど、気候変動は当たり前になり、日本の夏は「熱帯の夏」になりつつある。「真夏日」が続くなか、突如、「ゲリラ豪雨」が襲ってきたりする状況は、まさに熱帯の気候そのものではないだろうか。

日本の夏と言えば、誰もが頭に浮かぶのが「甲子園」（全国高校野球選手権大会）だろう。真夏の太陽が照らすグラウンドで、球児たちが汗まみれ、泥まみれになって白球を追う姿は、スポーツイベントを超えた日本の〝夏の風物詩〟となっている。

しかし、近年、夏が異常に暑くなったため、この風物誌が続かなくなる可能性が出てきた。それは、試合中に足がつる選手が続出するようになったからだ。足がつる「こむら返り」は熱中症の症状の一つで、その原因は言うまでもなく厳しい暑さだ。

２０２２年の夏の甲子園では、熱中症で倒れる選手が相次いだ。たとえば、8月8日の日本文理（新潟）対海星（長崎）の試合では、日本文理のライトを守る選手が、６回に安打を処理した後に倒れ込んで担架でベンチ裏に運ばれた。その後、選手は「甲子園は湿度も高く、新潟とは全然違う」と訴えた。この試合は午前8時開始の第一試合だというのに、すでに気温は30℃を超えていた。気温が30℃を超えるとグラウンド上の温度は軽く40℃を超えてしまう。

こうなると、屋外活動は命の危険すら伴う。

●甲子園からドーム球場に移すべきという声

２０２２年の夏は、全国的な猛暑だった。６～８月の夏の平均気温は、１８９１年の統計開始以来、２番目に高かったと気象庁は発表した。平年を０・91℃も上回り、全国各地で暑さの記録を更新した。東京では最高気温が35℃以上の「猛暑日」が16日と過去最多となった。

私は横浜在住だが、２０２２年はいつまで経っても梅雨入りせず、６月から35℃を超える真夏日が続くという、私が生まれてから一度も経験したことがない夏になった。

甲子園のある西宮市も猛暑日が続き、選手たちは例年以上に暑さ対策に追われた。守備から戻ると必ず首元を冷やし、水分を補給した。また、野球帽もスパイクも白い色のものを採用するようになった。黒い色だと、太陽光を吸収して温度が上がってしまうからだ。

こんな状況に、「甲子園からドーム球場に移すべき」「開催を涼しい秋にしたほうがいいのでは」など、夏の甲子園に異論を唱える声がネットに多く上がった。これに対し、「それでは甲子園でなくなる」「バカを言うんじゃない」「甲子園は聖地だ。聖地は動かせない」という反論も上がった。

しかし、今後、気温上昇が1～2℃程度ではなくなれば、論争をしているだけでは済まなくなるだろう。

●日本は本当に温暖化しているのか?

気象庁による、１８９８年から２０２１年までの日本の年平均気温の経年変化を見ると、長期的には１００年あたり１・28℃の割合で上昇しており、とくに１９９０年代以降は、高温となる年が頻出している。

また、最高気温が35℃以上の猛暑日や最低気温が25℃以上の熱帯夜の日数は年々増加し、最低気温が０℃未満の冬日は減少している。つまり、夏も冬も年々気温が上昇しているのだ。

また、雨の降り方も変化している。「ゲリラ豪雨」「局地的大雨」「線状降水帯」などという言葉が定着してしまったように、日降水量１００㎜以上の「大雨」や1時間降水量50㎜以上の「短時間強雨」の発生頻度が増加している。

[図表３]は、日最高気温35℃以上の猛暑日の推移（１９１０～２０２０年）である。これを見れば、地球温暖化が確実に進んでいることがわかるだろう。

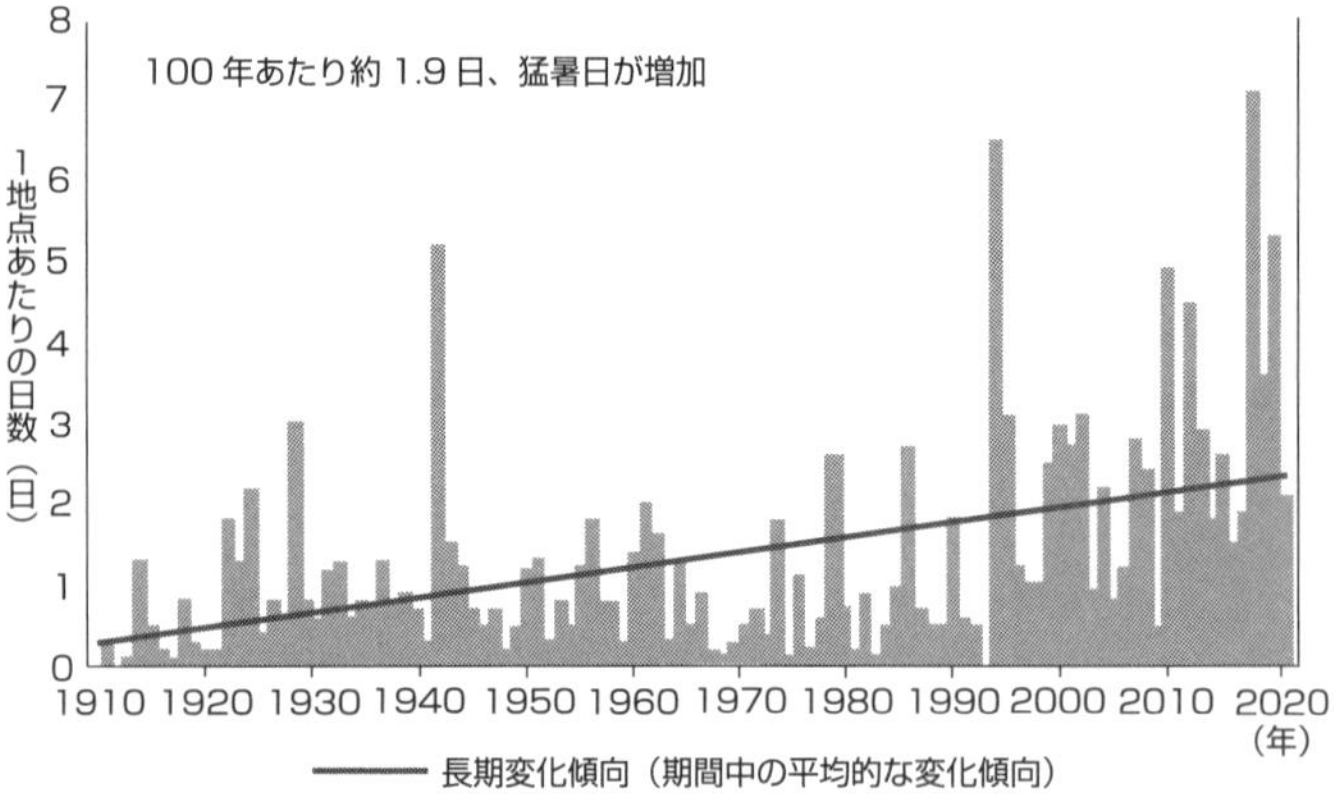

[図表3] 日最高気温35℃以上の猛暑日の推移（1910～2020年）

猛暑日とともに、当然だが夏日（気温25℃以上）の日数も増加している。１９５２〜１９６１年の10年間と、２０１２〜２０２１年の10年間の夏日の積算を比較すると、東京では73日から１８６日と約2・5倍、大阪でも約1・5倍になっている。つまり、日本の夏は年々長くもなっているのだ。

一般的に、日本の夏は6月に始まるとされるが、いまや4月、5月にも夏日、真夏日（30℃以上）になる日が多くなり、季節の動きは1カ月は早まっていると言っていい。なんと、２０２３年には5月17日に、東京など全国２５０地点以上で真夏日、岐阜県では猛暑日を記録した。

●日本の空はバンコクなどと同じ熱帯の空

このように、毎年、気候変動が続くので、最近はあいさつ代わりのお天気の話もできなくなった。夏の最中に、「今日はいいお天気ですね」などと言うこともはばかられる。

そんななか、知り合いのＡＮＡの国際線パイロットから、次のような話を聞いた。

「いまの日本の夏の空は、東南アジアの熱帯の空と同じです。ホーチミンやバンコクの空港に着陸するときと、羽田や成田に着陸するときは同じになりました。突然、積乱雲が発生するので、それを回避するのに苦労するんです」

パイロットにとって積乱雲は大敵だと、彼は言った。その理由は、もしそのなかに入ってしまうと、激しい揺れに見舞われ、場合によっては操縦不能になることもあるからだという。積乱雲は、その中心部に激しい上昇気流が、周囲には強い下降気流が発生しているので、近づくことは危険。そのため、パイロットは常に注意を払わなければならないのだという。

「天気図や気象レーダーなどから、ある程度の予想は立てられます。しかし、熱帯の空は、突然変わるので、予想どおりにはいきません。積乱雲に遭遇したときは、その距離や高さをすぐに察知しなければならないので、これにはキャリアがものをいいます」

日本の空は、いまや熱帯の空ということなのだろうか。

ＩＣＰＰの報告書などによると、ＧＨＧの増加によって起こる気温の上昇は、雲の発生にも大きな影響を与えている。熱帯域の雲が広がると、宇宙への赤外放射が弱められることになり、地球温暖化はさらに進むという。

●欧州全域を襲った記録的な熱波と山火事

日本の猛暑もひどいが、世界を見ると、猛暑はもっとひどい。しかも、大きな被害をもたらしている。２０２２年の夏は、日本ばかりか世界中が猛暑に見舞われた。

とくに欧州の猛暑は「５００年ぶり」と報道されるほど、凄まじいものだった。

イギリスは、７月初めから熱波に見舞われ、７月19日、ついに観測史上初の40℃超えを記録した。フランス、ドイツは40℃には達しなかったが、ドイツ西部の都市デュースブルクで39・３℃を記録した。オランダでも南東部マーストリヒトで39・5℃を記録した。その結果、ライン川の水位が低下、一部が干上がり、船がほとんど航行不能の状態に陥った。ライン川は物流の中心だから、経済的な損出は大きかった。欧州の中央部から黒海に注ぐドナウ川も水位が低下し、大型船が航行不能になった。

スペイン、ポルトガルでは、熱波による大規模な山火事が発生した。この山火事は数日間続き、森林を焼き尽くした。山火事は、大量のCO_2を発生させ、地球温暖化を加速させる。

ＥＵの地球観測事業の一部を担っている「コペルニクス・モニタリング・サービス」によると、スペインで６～７月に山火事によって排出された炭素量は、同国で２００３年以降の同時期に計測されたなかで最大量だったという。

イタリアでも山火事が多発した。ローマは、夏の間に何度か40℃超えを記録した。

●北極圏も30℃超えでトナカイが水浴び

北欧も猛暑が襲った。私の娘の夫はフィンランド人で、首都ヘルシンキで30℃を超えた日々が続いたことに、目を丸くして驚いていた。私が初めてフィンランドを訪れた２０１８年の夏、「今年の夏は異常に暑い。これはいつものフィンランドの夏ではありませんよ」と言っていたが、２０２２年の夏はそれをはるかに超えていた。

ヘルシンキは北緯60度に位置する。日本の最北端、稚内は北緯45度。その稚内より15度も北である。そんな北の街にも熱波が来るのかと思っていたら、最北端のラップランドでも7月5日に33・5℃を記録したというので、これには本当に驚いた。ラップランドは北緯66度33分以北の北極圏に位置する。

さらに驚いたことがあった。それは、夏バテしたトナカイがビーチや湖岸で水を浴びて涼んでいるというニュースだ。そんな姿が見られたのは初めてということで、現地では大きく報道されていた。

例年のラップランドなら、夏の平均気温は15～20℃くらい。日本でいえば、春の気温である。

それが、30℃超えが1週間以上も続いたという。ラップランドで最高気温が34℃になったのは過去に一度だけあったという。しかし、それは１９１４年、１００年以上前の話だ。

ここで確認しておきたいのは、地球温暖化でこれまで世界の気温はどれくらい上昇してきたかである。ＩＰＣＣの「第6次評価報告書」（6th

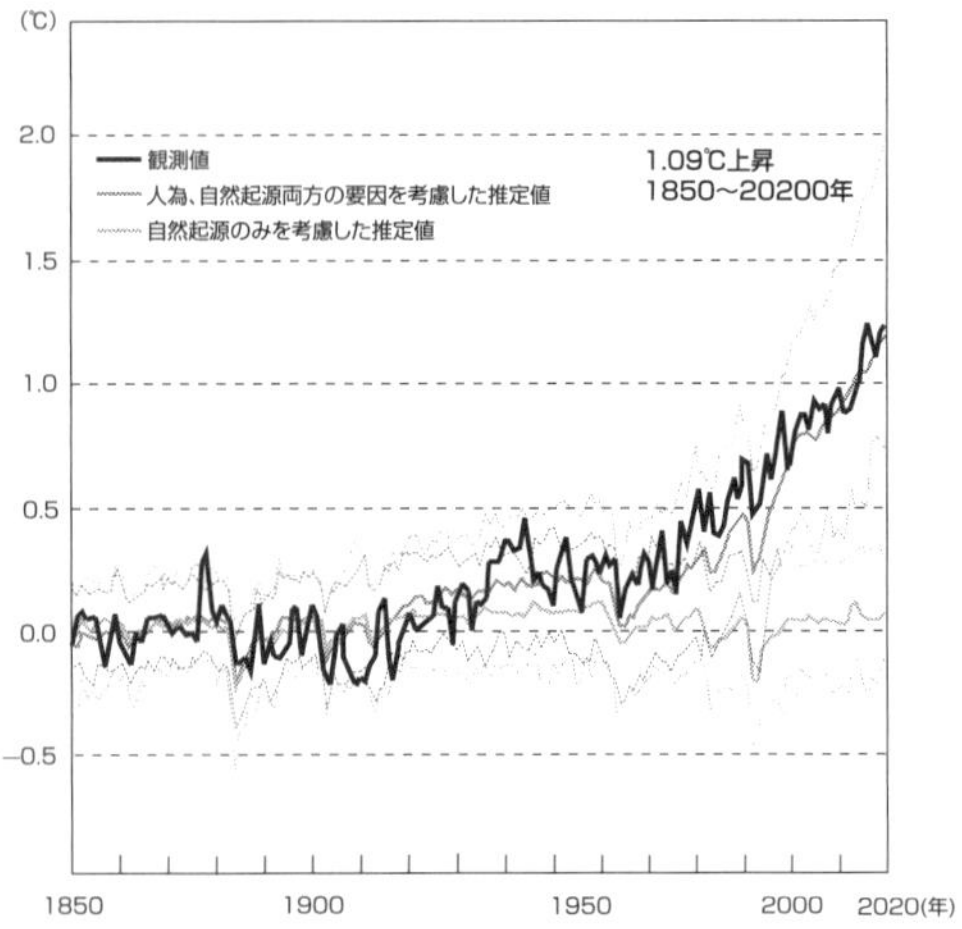

[図表 4] 世界の平均気温の変化（年平均）
（参照・出典：IPCC「第 6 次報告書」：JCCCA）

Assessment Report：AR６）によると、世界の平均気温は産業革命による工業化前と比べて、２０１１〜２０２０年で１・09℃上昇している。また、陸土内では海面付近よりも１・４〜１・７倍の速度で上昇し、北極圏では世界平均の約2倍の速度で上昇しているとしている。

とくに最近30年の各10年間の気温上昇は、１８５０年以降のどの10年間よりも高いという。そのなかでも１９９８年は１９８０年以降で世界平均気温がもっとも高かった年となっている。ちなみに、２０２２年は、６番目に高かった年で、暑い年の上位９位までは直近の９年間が占めている［図表４］。

●アメリカはほぼ全土で「華氏100℉超え」

フィンランドの猛暑で思い出したのは、前年の２０２１年に、やはり高緯度に位置するカナダのブリティッシュ・コロンビア州リットンで、３日連続で40℃超えを記録し、６月29日には49・６℃に達したことだ。これは、当時、大きなニュースになった。

それを思い出したので、アメリカはどうかと思っていたら、アメリカもまた猛暑に襲われた。ニューヨーク州では、７月20日から、高温注意報が出て、最高気温が華氏１００℉（摂氏38℃）を超えた。この「華氏１００℉超え」は全米的なもので、南部テキサス州ではニューヨーク州より早く６月から１００℉超えの日が続いた。そのため、州内の各地で過去最大規模の山火事が発生した。

山火事といえば、カリフォルニア州では毎年のように起こっていて、その都度大きな被害をもたらしてきた。それが、2022年もまた発生した。

2020年、コロナ禍の最中の夏、ロサンゼルス近郊で過去にない大規模な山火事が発生した。私の長年の友人はマリブのズーマビーチに住んでいて、この火事が背後から迫ってきたため、避難を余儀なくされた、幸い家は焼けなかったが、連日、電話で話すたびに「大丈夫だろうか」と気をもんでいた。マリブハイスクールが避難所になったが、レディ・ガガが差し入れを持って慰問にきたので、そのことだけは喜んでいた。

2022年のカリフォルニア州の山火事はロサンゼルス近郊ではなく、ヨセミテ公園一帯だった。このような異常気象が続くと、「WMO」(世界気象機関)は、決まって警告コメントを出す。2022年8月、ペッテリ・ターラスWMO事務局長は、次のようにメディアに語った。

「ゆくゆくはこのような熱波が常態化し、さらに強烈で極端な事象が発生するだろう」

つまり、猛暑は今後恒常化する。もはや、40℃超えも熱波も異常ではない、日常事態に過ぎないから用心せよというのである。

●38℃を超えると〝危険注意報〟が出る中国

2022年は、中国も猛暑に見舞われた。中国南部(華南)では、夏前の5月に、日本のように梅雨（雨季）入りをする。ところが、この年の雨は記録的な豪雨となり、各地で洪水と地滑りが発生した。その結果、福建《フーチェン》省や広東《グァンドン》省、広西《グァンシー》チワン族自治区では、数百万人もの住民が避難する事態になった。

この間、華北は熱波に覆われ、気温は40℃を超えた。中国の報道によると、河北《ホーベイ》省の３都市と雲《ユン》南《ナン》省の１都市の計４都市で、気温が44℃に達した。

中国には「三大火炉」（三大ボイラー）と呼ばれる、夏の気温がもっとも高くなる三つの都市がある。重慶《チョンチン》、南京《ナンジン》、武漢《ウーハン》の３都市で、いずれも内陸の盆地型の地形であり、これらの都市では気温が38℃を超えると〝危険注意報〟が発令され、会社、学校は休みになる。

この〝危険注意報〟は、数年前までそれほど多くなかった。しかし、最近は連日で、とくに２０２２年の南京はあまりの暑さに、日中戦争から第二次大戦時につくられた地下防空壕を、涼を求める市民に開放した。

15年前、娘がジョンズホプキンズ大学南京センターに留学していたので、私は何度か南京を訪れた。そのとき、夏のあまりの暑さに閉口した。市内を吹き抜ける風は、横浜の夏風とは違う熱風で、ちょっと歩くだけで汗だくになった。それでも気温は35℃以下。「これくらいフツーですよ」と、地元の人は慣れた様子だった。しかし、いまや40℃が常態化しようとしている。

南京から長江を下ると長江デルタが開け、そこに注ぐ支流の一つ黄浦江《ファンプージャン》の両岸に、上海の街がある。海のそばなので、上海は南京より涼しいが、２０２２年は上海でも40℃以上を記録した。この

150年間で、上海で40℃以上を記録したのは、たった15日しかないという。

当時、中国はゼロコロナ政策を取っていたので、上海は一時期、完全にロックダウンされ、街中で大規模なPCR検査が行われた。しかし、防護服の検査員が熱中症で続々と倒れ、検査にならなかったという。

倒れた検査員が救急車で運ばれていく姿が、SNSで拡散した。

●ウクライナ戦争で大量のGHGが排出

2022年2月に勃発《ぼっぱつ》したロシアによるウクライナ侵略戦争は、猛暑に見舞われた世界をさらに暑くさせた。

この戦争はいまも続き、終わる気配がない。そのため、長引けば長引くほど、地球温暖化、気候変動を加速させてしまう。なにしろ、戦争では大量の化石燃料が燃やされ、大量のGHGが放出される。

ウクライナの上空を飛び交う戦闘機や大地を走る戦車は、湯水のように化石燃料を燃やしている。また、破壊されたインフラ施設などからは、大量のCO_2が放出される。ミサイルの燃料からも大量のGHGが排出される。

はたして、この戦争でどれほどのCO_2が排出されただろうか？ ウクライナ政府は2022年11

［図表5］COP27でビデオ演説するウクライナのゼレンスキー大統領
（写真：AP／アフロ）

月のCOP27で、NGO「戦争の地球温暖化ガス算定に関するイニシアティブ」の試算に基づいて、2月からの7カ月間で計8300万t近くが排出されたと訴えた。そこからさらに2カ月分を足して約1億tが2022年11月までに排出されたことになる。これはオランダ1国の1年分に相当する量だという［図表5］。

ロシアがこのまま侵略を続け、ウクライナが西側からの武器の支援を受けて戦うかぎり、これまでの地球温暖化の取り組みの多くが無駄になる。

●軍事関連排出量は全体の6%と推計

軍隊ほど、温室効果ガスを大量に排出する組織はない。『ワイヤード』（2022年3月12日）の記事によると、アメリカ軍は2017年に1日あたり27万バレルの石油を購入し、GHGの最大の機関消費者となっているという。

ＧＨＧの排出量に関しては、各国が国連に報告することになっているが、軍事関連の排出量に関しては「そのほか」に分類している国が多く、実際にどれだけあるかはまったくわかっていない。ミサイル発射を繰り返す北朝鮮の金正恩《キムジョンウン》の頭のなかには、温暖化の「お」の字もないだろう。

日経新聞記事『温暖化ガス削減、軍事抜け穴「排出の最大6％」試算も』（２０２２年3月21日）では、イギリスの気候科学者スチュアート・パーキンソンの２０２０年の報告書が紹介されている。それによると、世界全体の排出量（約５００億ｔ）の最大６％が軍事関連となっているという。もちろん、このパーセントは戦争があればさらに上昇する。

いずれにせよ、戦争は人類になにももたらさないばかりか、地球温暖化と気候変動を加速させることで、さらに多くの人命を奪い、場合によっては、人類を滅亡に導く。

世界中の専制国家のリーダーたち、とくにプーチンのような人間が地球温暖化や気候変動を軽視していることは、世界にとって本当に不幸なことだと言わざるをえない。

●この20年あまりで16兆ドルの損出

地球温暖化による気候変動は、世界に大きな経済的な損出をもたらす。科学誌『Science Advances』（２０２２年11月）掲載の研究論文によると、気候変動による熱波は１９９０年からこれまでの間に、世界経済に少なくとも16兆ドル（約２２３７兆円）、潜在的には65兆ドル（約９０８７兆円）もの損失を与えたという。この損失は、世界の最貧国やＧＨＧ排出量の少ない国に偏っており、ＣＯＰにおける「ロス＆ダメージ」（減失％＆損傷）論争のメインテーマになっている。いったい、誰がそのコストを払うのかというのだ。

たとえば、２０２２年8月末、パキスタンは国土の３分の１が水没してしまうという大洪水に見舞われた。何百万人もの人々が家を失い、食料も水も少ないなか、感染症のリスクに晒《さら》されながらのテント生活を余儀なくされた。パキスタン政府はその被害総額を約４兆ドル（約５６０兆円）とし、ＣＯＰ27で窮状を訴えた。

パキスタンは世界で27番目のCO_2排出国で、その量は2万２６００万ｔ。これは、隣国インド（世界第3位）の25万５２００万ｔの10分の１以下に過ぎない。それなのに、明らかな気候変動による大被害を受けたのである。

現在の地球温暖化は１００年以上も前に始まり、これまでは穏やかに進行してきた。それが、ここ数年、猛威を振るうようになった。

そのため、発生した被害の額は計算できても、その被害の直接的な原因、つまり加害者を特定することはできない。とりあえず、産業革命を起こして経済発展を遂げてきた先進国のせいとされている。

第3章　東京もＮＹも水没する未来図

●ハワイで始まった海面上昇リスクの情報開示

地球温暖化によって、世界の不動産取引に異変が起ころうとしている。その一例として、ハワイを挙げたい。

ハワイ州では、2022年5月1日より、全米で初めて、州内の不動産取引の際に売主が買主に対して、海面上昇のリスクに関する情報開示を必須とする法律が施行された。

開示義務は3・2フィート（ft）までの海面上昇エリアにある物件に適用される。3・2ftは97㎝だから、約1mと思えばいい。

つまり、海面から1mまでのエリアにある物件は、売買するときに「水没リスク」があることを売主が買主に伝えなければならないのだ。

この法律の施行にあたって、ハワイ州では、海面上昇の予測モデリングマップをウェブ上で公開した。それによると、高波や高潮による氾濫《はんらん》、また海岸線の浸食などの影響を受ける地域が0・5ft（約16㎝）から3・2ftまでの4段階でインタラクティブに表示されている。

海面上昇を3・2ftまでに設定した理由は、IPCCの「第5次評価報告書」（AR5）の予測、2100年までに最大で82㎝上昇をベースとしたからである。もし、本当に3・2ft上昇した場合は、ワイキキのビーチフロントはほぼ水没することになる。

●堤防を築くかビーチ全体を公園にするか

ハワイでは早くから、州議会で地球温暖化対策が議論されてきた。その結果、2019年には温暖化対策法案が州議会を通過している。ただ、具体的になにをやるかについては決定していなかった。

地球温暖化で懸念されることの一つが、海面の上昇である。それでよく引き合いに出されるのが、南太平洋の島国ツバルだ。ツバルでは島のもっとも高いところでも海抜4・6mしかなく、地球温暖化によって海面が上昇した場合、水没すると言われてきた。

ハワイも同じである。ワイキキの場合、海面が2ft（約61cm）上昇しただけで、観光名所であるワイキキビーチはほぼ水没する。3ft（約91cm）ならアラワイ運河近辺まで海面が上昇するので、現在のワイキキのホテル、コンドミニアムが立ち並ぶ街並みはほぼ水に浸ってしまう。

そのためハワイ州は、すでに、海面より3ft以上高い場所に家を建てなければならないというガイドラインを設定しており、カマケエ通りのホールフーズやワードビレッジのサウスショア・マーケットは盛土の上に建てられている。

ワイキキビーチは、ワイキキが観光地として開発された際にカルフォルニアから運んだ砂でつくられた人工のビーチである。人工とはいえ、ビーチのほうが堤防を築いたりするよりは水害には強いとされる。そのため、海面上昇から現在の市街地を守るためには、堤防を築くよりも、ビーチを含めた海岸線全体を公園にしてしまおうという構想がもち上がっている。

いずれにしても、ハワイは地球温暖化に対して、有効な手を打たなければ、観光地として価値を失ってしまうのである。

もし、このまま有効な対策がなされないと、現在ワイキキにあるコンドミニアムなどの物件の価値は下がることになる。すでに、その兆しが見え始めている。同じ理由で、カハラやハワイカイ、ノースショアなどの高級物件も影響を受ける。

とくにハワイカイは、オーシャンフロントに高級住宅が立ち並び、庭先からボートで直接海に出られる物件も多い。これらの物件の価値は、今後下がる可能性がある。

●IPCCの最新報告書が予測する海面上昇

ここで、私たちは、IPCCの最新の評価報告書をしっかりと読む必要がある。

IPCCでは、1990年から地球温暖化の現状や将来予測についての評価報告書を、定期的（5～8年ごと）に公表してきた。評価報告書は、世界中の研究者の協力の下に、発表された研究論文や文献に基づいており、IPCCの総会に参加したすべての国の承認後に公表される。

IPCCの第58回総会は、2023年3月13日から1週間にわたってスイスのインターラーケンで開催され、「第6次評価報告書」（AR6）は、3月20日に全世界に公開された。

この「AR6」の最大のポイントは、人間の活動が地球温暖化を引き起こしていると断定したことで、現在のGHGの削減状況では、気温上昇を1・5~2・0℃に抑えるという目標（パリ協定で合意）は達成できないと強く警告したことだ。

「AR6」は三つの作業部会（ワーキンググループ）のレポートから成っているが、第1作業部会（WG1）のレポートは、将来の海面水位変化について、[図表6]のように予測している。海面上昇は氷河や氷床が溶けたりすることで起こるが、気温上昇のスピードによって変化する。

そのため、ここではもっとも高いシナリオから、もっとも低いシナリオまでを段階的に示し

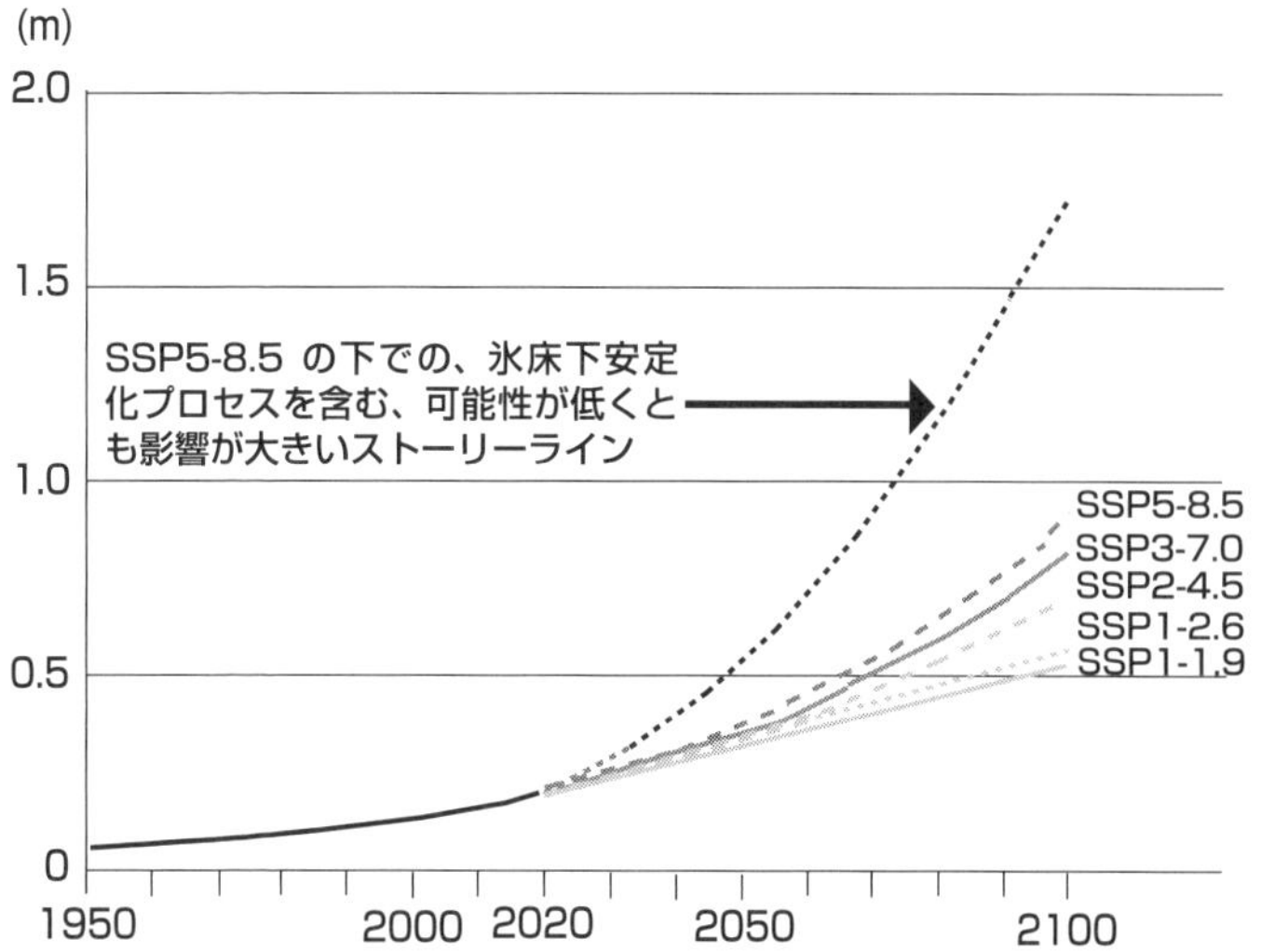

[図表6] 1900年を基準とした世界平均海面水位の変化予測

（出典：IPPC「AR6、WG1」）

＊SSPは、「Shared Socio-economic Pathway（共有社会経済経路）」の略。GHGの量や濃度がどのように変化するかを5段階に分けている。

＊SSP1-1.9は、2050年のGHG排出ゼロの場合のシナリオによる海面上昇ライン。SSP1-2.6は2100年までに気温上昇が2℃より低く抑えられた場合の海面上昇ライン。SSP5-8.5は温暖化対策を行わなかった場合の海面上昇ライン。

ている。

●海面上昇は歴史的に何度も起こってきた

ＩＰＣＣの評価報告書は、前提として、世界平均の海面水位が、１９０１年から２０１８年の間に約20㎝上昇したとしている。それが今後、地球温暖化によって加速するという。

もっとも低い、地球温暖化対策がうまくいって２０５０年カーボンニュートラルが達成された場合（SSP1-1.9シナリオ）は、50㎝以下に抑えられる。その上の２１００年までに気温上昇が２℃より低く抑えられた場合（SSP1-2.6シナリオ）は32～62㎝となる。しかし、地球温暖化対策に失敗して、いまのままのＧＨＧ排出が続いた場合（SSP5-8.5シナリオ）だと、63㎝～１・01ｍになると予測されている。ただし、たとえば気温上昇が予測以上で南極大陸の氷床の崩壊が始まったりすれば、１・７ｍ程度の上昇も考えられるとしている。

海面上昇は恐ろしい面もあるが、毎日の潮の満ち引き、台風や荒天時の高潮などでも１ｍを超えることがあるので、堤防建設などで防ぐことは可能である。

地球の長い歴史で見ると、海面上昇（海進）と海面低下（海退）は何度も繰り返されている。歴史的にもっとも近い「平安海進」では、約１～１・５ｍ海面が変動している。７世紀初頭の奈良時代の海面は、現在より約１ｍ低かったが、平安時代をとおして上昇し、12世紀初頭には現在の海水面より約50㎝高くなっている。しかし、この「平安海進」は５００年をとおしてのものであり、１００年の間に１ｍを超えるスピードとなると、その対処は追いつかない可能性がある。

●500万人以上の大都市の3分の2が危機に

海面上昇が問題なのは、世界の名だたる大都市の多くが海に面していることだ。ＩＰＣＣの報告書とは別に、これまでいくつかの「水没する都市や地域」の予測が報告・公表されている。それらを見ると、東京はもちろん、ニューヨーク、上海、ムンバイなども、地球温暖化による水没リスクに晒されている。

たとえば、データ分析調査を提供する「The Swiftest」の共同創業者マシュー・H・ナッシュは、２０２２年3月、海面上昇と頻発する洪水によって、世界の36都市が浸水することになるという予測を公表している。

それによると、水没リスクの1位は、なんと東京である。以下、2位ムンバイ、3位ニューヨーク、4位大阪、5位イスタンブール、6位コルカタと続く。また、アメリカＣＮＢＣは、２０７０年までの気候変動による水没・洪水リスクがもっとも大きいアジア10都市のリストを発表している。それによると、中国の天津《ティエンシン》、上海、広州《グアンジョウ》がトップ3となっている。

近年、アジアでもっとも早く水没すると話題になったのが、インドネシアの首都ジャカルタだ。ジャカルタは、2021年12月、記録的な豪雨によって大洪水が発生し、一部地域が2・7mも水中に沈んだ。

これまでジャカルタは豪雨によって何度も水没し、英BBCは「世界でもっとも早く水没する都市」と皮肉った。それもあって、インドネシア政府は、首都をジャカルタからジャワ島以外に移転する計画を表明した。2022年1月、インドネシア政府は、新首都をカリマンタン島(ボルネオ島)東部に建設し、新首都名を「ヌサンタラ」(ジャワ語で群島の意味)にすると発表した。実現すれば、ジャカルタは地球温暖化によってもっとも早く移転した都市になる。

国連の人口統計によると、世界人口の約10%、7億9000万人が海岸線沿いに住んでいる。そして、人口500万人以上の大都市のうち約3分の2が、水没の危機に晒されている。

●東京、大阪が水没する日が来る

2019年の大ヒット映画『天気の子』(新海誠監督)では、2021年の東京が水没する情景がリアルに描かれていた。これは、「何年間も雨が降り続く」という想定での話だったが、このまま気候変動が続けば、それが現実になる可能性がある。豪雨や高潮に、海面上昇が重なれば、東京ほどリスクの高いところはない。

とくに江戸川区は、荒川と江戸川に囲まれ、海面よりも土地が低い「海抜ゼロメートル地帯」が7割を占める。江戸川区、江東区、荒川区などは、超大型の台風で川の氾濫や高潮が発生すれば、ひとたまりもない。

これは、〝水の都〟とも言われる大阪も同じだ。「全国地球温暖化防止活動推進センター」によると、海面が1m上昇すると大阪では、北西部から堺市にかけての海岸線はほぼ水没するとされている。東京でも、堤防などを高くするなどの対策を取らなければ、江東区、墨田区、江戸川区、葛飾区のほぼ全域が影響を受ける。

NASA（アメリカ航空宇宙局）では、IPCCの評価報告書に基づいて、特設サイト「Sea Level Change」で世界の海面水位の将来予測マップを公開している。このマップにアクセスして場所をタップすれば、たとえば2100年に神奈川県の横須賀で1・05m（SSP3-7.0シナリオ）海面が上昇するといったことがわかる［図表7］。

日本は島国で四方が海のため、海面上昇による被害を受ける地域は広範囲にわたっている。とくに海に面

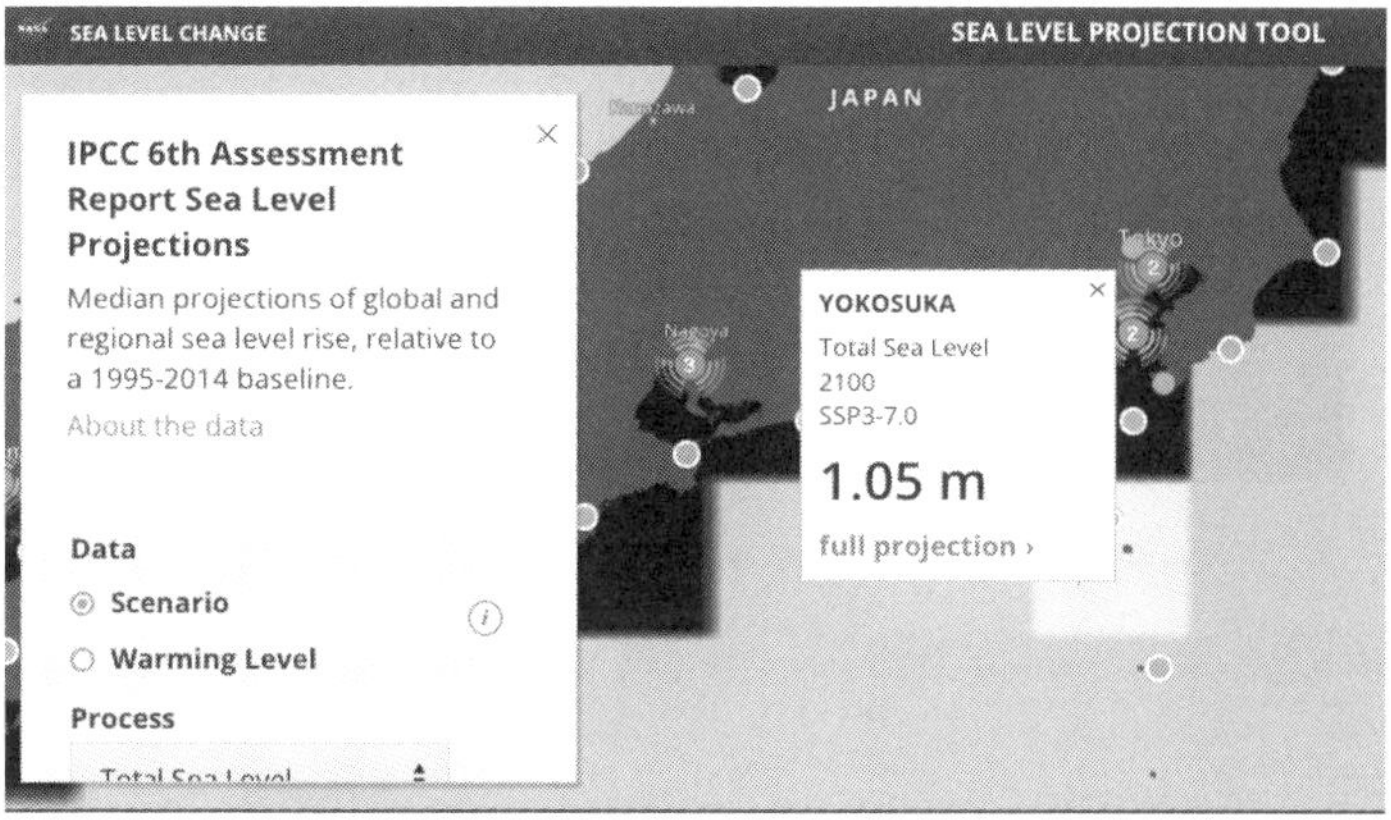

［図表7］2100年の海面水位マップ
（出典：NASA「Sea LEV el Change」、マップで横須賀をタップした場合
https://seal E V el.nasa.gov/IPCC-ar6-sea-l E V el-projection-tool）

している東京、大阪、名古屋、福岡など人口が集中している大都市の低地の危険性は高い。

●ニューヨークで始まった気候変動プロジェクト

東京や大阪と同じく、ニューヨークの水没リスクも高い。

最近では、たびたび大型ハリケーンに襲われ、高潮の被害にあっている。また、すでに海面上昇も観測されていて、リスクは日々高まっている。

2022年3月に英科学誌『ネイチャー・ジオサイエンス』(Nature Geoscience)(電子版)に発表された論文によると、ウォール街は今世紀中に、頻繁《ひんぱん》に水没するようになるという。なにしろ、マンハッタンのダウンタウンは海抜1mに届かないところが何カ所もある。ニューヨークの象徴「自由の女神」は台座があるので水没しないが、リバティアイランド自体は確実に水没すると見られている。

専門家のなかには、IPCCの予測より海面上昇が早くなるとする人間もいて、2050年までに最大75㎝上昇するという報告もある。そのため、すでに、防水壁の建設や河川の盛り土などの工事が始まっている。

これは、2012年に44人の死者を出した大型ハリケーン「サンディ」による大水害の教訓によるところが大きい。ニューヨーク市は、気候変動対策として200億ドル(約2兆8000億円)の予算を計上した。その対策の一つで、もっとも大規模なものが、「East Side Coastal Resiliency

Project」である。これは、マンハッタン南東部に、4kmにわたって公園、防水堤（シーウォール）、可動式水門を整備するというものだ。

しかし、驚いたことに、このプロジェクトに反対し、抗議活動をしている人々がいる。その抗議活動によって、工事が中断しているところもある。そこで、ニューヨークに行った際に、なぜ反対運動をしているのかと聞くと、「この工事により1000本以上の木が伐採される」からだと言う。CO_2を吸収する緑を守ることも地球温暖化対策だから、なんともいえない矛盾を感じた。

ただ、海面上昇に対して護岸をつくるなどの対策は、次善の対策であって、本来の対策はCO_2の削減である。

ニューヨークでは、気候変動が激化するにつれ、そこを離れる人間が多くなっている。金融バブルで不動産価格が上がりすぎたことも原因で、「グッバイNY」の流れが静かに起こっている。

地球温暖化がさらに進めば、世界一高い不動産価格も下がる可能性がある。

●2100年までに水没するアメリカの都市

ニューヨークばかりではない。アメリカでは、都市の海沿いの不動産は下がる傾向を見せ始めている。インフレで住宅価格が高騰しているというのに、これまで人気だった海沿いの物件は人気を失いつつある。ロサンゼルスやマイアミの海沿いの豪邸が売り出される例も多くなっている。

気候研究機関の「クライメート・セントラル」(Climate Central) が開発した「グーグルアース・プラグイン」を使うと、海面上昇にともなって、アメリカの都市がどうなるかを見ることができる。たとえば、サンフランシスコでは2100年までに、代表的な観光地「フィッシャーマンズ・ワーフ」は水没すると見られている。首都ワシントンDCでは、歴史的なモニュメントの多くが水没リスクにある。リンカーン記念堂のリフレクティングプールは水没するが、記念堂自体は水没しない。ポトマック川に隣接する入り江のタイダルベイスン沿いのトーマス・ジェファーソン記念堂は水没する。

全米でもっとも水没リスクが高いとされるのが、南部のチャールストンだ。市のほぼ全域が2100年までに水没するとされている。南北戦争の端緒となった有名なサムター要塞は海の下になってしまう。

ニューオーリンズも水没リスクがもっとも高い都市の代表だ。2005年のハリケーン「カトリーナ」では、市の約80%が水没した。海面上昇は、これと同じ状況をもたらすという。

沿岸部が平坦なフロリダ州は、海面上昇の影響を受けやすい。もしグリーンランドの氷床がすべて溶けた場合、マイアミの北ウェストパームビーチの南側がすべて水没する。マイアミ自体も危ない。トランプ前大統領の別荘「マー・ア・ラゴ」も水没リスクが高い。現在、南フロリダの4郡は、地球温暖化対策の行動計画の概要を作成し、2060年までに少しずつ地域を「再設計」しようとしている。

第４章　じきに食料危機が襲って来る！

●食料自給率と食料危機は関連しない

地球温暖化が進むなかで、近年、日本で盛んに言われるようになったのが「食料危機」である。とくに2022年2月にウクライナ戦争が勃発して小麦の流通が滞《とどこお》ると、「日本も危ない」という声が聞こえるようになった。

誰もが知るように、日本の食料自給率は低い。4割に満たないから、もし食料が輸入できなくなったら、どうしたらいいのか？という不安が頭をよぎる。

ウクライナ戦争はもとより、それ以前から続いてきたコロナ禍、世界的なインフレと、食料危機の原因はいくつもある。そんななかで、やはり、最大の不安要素は、地球温暖化による「気候変動」(climate change)で、農産物の不作が続くことだろう。

はたして、本当に食料危機はやって来るのか？

これが、第4章のテーマだが、先に結論を書いてしまえば、もちろんイエスである。ただし、食料自給率が低いからといって、日本が食料危機に陥ることはない。食料自給率と食料危機とはなんの関連性もないからだ。

このことは、食料自給率が100%近い北朝鮮が、常に飢えていることを知ればわかるだろう。

農林水産省は、日本の食料自給率が低いことを問題とし、これを引き上げることを提唱している。そうして、次のようなデータをＨＰに掲載している。

○食料自給率……38％（カロリーベース）
63％（生産額ベース）
○食料国産率……47％（カロリーベース）
69％（生産額ベース）
○飼料自給率……25％
（農林水産省『知ってる？日本の食料事情２０２２』より）

さらに、［図表8］の「食料自給率の推移」を載せ、自給率の向上を目標に掲げている。それは、「令和12年度（２０３０年度）までに、カロリーベース総合食料自給率を45％、生産額ベース食料自給率を75％に高める」というものだ。

しかし、これは農林水産省の予算獲得のためのキャンペーンで、ほとんどなんの意味もない。食料自給率を引き上げたからといって食料危機は防げない。それを防ぐのは、地球温暖化を止める以外にない。

日本は「失われた30年」を経て、いまや給与も物価も安い「先進転落国」となっている。しかし、そうはいっても、

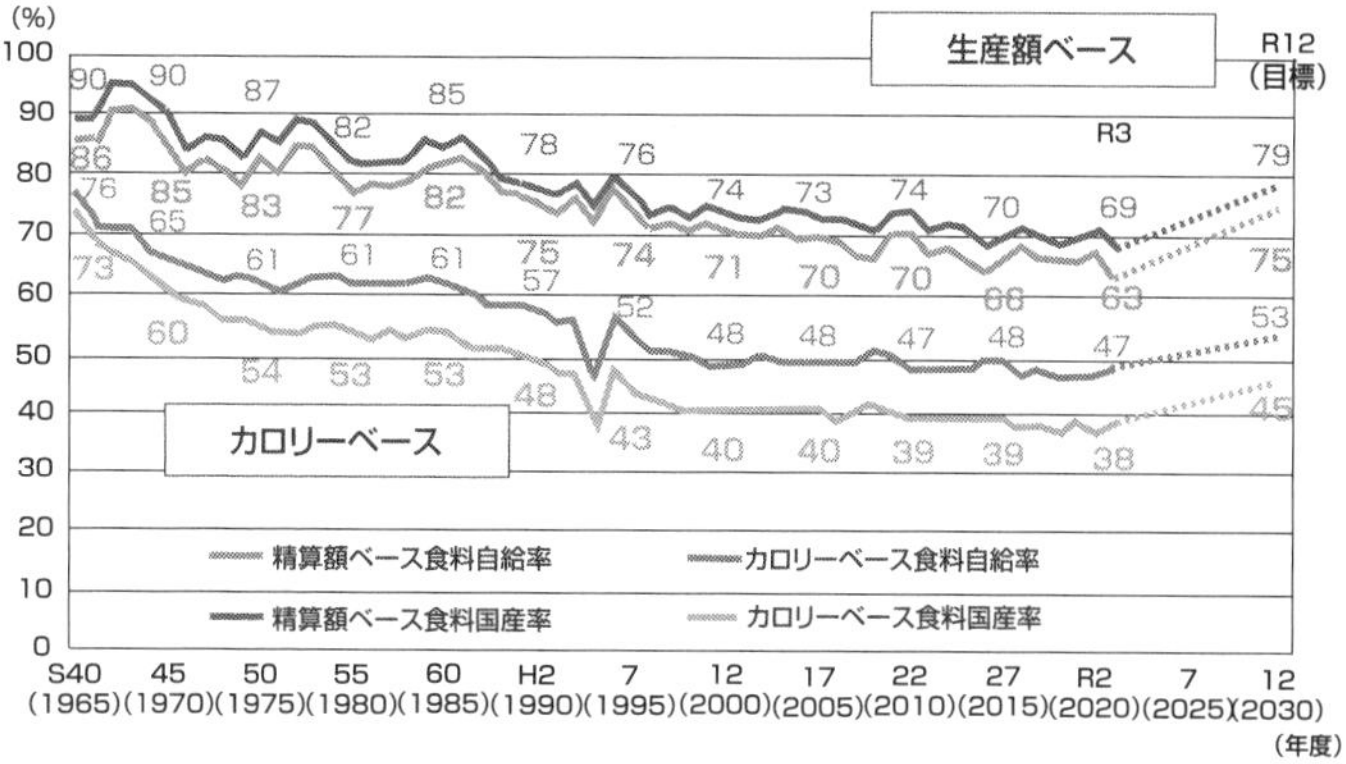

［図表８］食料自給率の推移
（出典：農林水産省『知ってる？日本の食料事情 2022』）

スーパーにいけばあらゆる食品が並べられている。インフレで価格は上がったが、手に入らない食料品はない。そのため、国民に食料危機がやって来るという実感はない。

しかし、目ざとい投資家たちは違う。彼らはいま、農産物そのものから食料関連株にいたるまで、食料に関するものならなんでも買い占め、さらに「フードテック」ビジネスにどんどん投資している。これは、インフレヘッジもあるが、地球温暖化を見据えてのことだろう。

投資家が農産物を買い漁るので、価格はどんどん上昇している。また、食料供給に携わる企業の株も買われ、ハイテク企業株以上に値上がりしている。

私が知っている若い投資家たちは、これまで主にIT関連のスタートアップに〝シード投資〟（先物買い）をしてきたが、それをフードテックのベンチャーに切り替えている。

フードテックといっても、その範囲は広く、ともかく食料にかかわるベンチャーなら、なんでもありといったところだ。ブームの「代替肉」「昆虫食」「陸上養殖」など、食料生産に直接かかわる川上分野から、「スマートキッチン」「特殊冷蔵」「フードロス削減」など、食料品関連の川下分野まで、新しいアイデア、技術を求めて情報を収集している。

こうしたことの背景にあるのは、地球温暖化以外に考えられない。彼らは地球温暖化が食料危機を招くと確信して、投資している。投資家というのは、世界が危機に陥るなら、その危機に投資する。ともかく、投資理由が見つかれば、それがなんであれ投資する。世界が滅んでしまってもかまわないのである。それが彼らの性《さが》だからだ。

しかし、今後やって来る食料危機はこれまでの食料危機とは違い、地球温暖化が止まらないかぎり、どんどん深刻化する。

●世界人口の約４割がまともな食事をとれない

食料価格は２０２１年に23％上昇し、それまで十数年間続いてきた価格安定期が終わった。そして２０２２年、２０２３年とさらに上昇を続けた。２０２１年まで、長期的な食料消費ニーズを満たすことができない人の数を指す「栄養不足水準」は、ほとんど変化しなかった。ところが、２０２１年からは上昇の一途となった。

国連のＷＦＰ（国連世界食糧計画）などの諸機関が合同で発表した『２０２２年版・世界の食糧安全保障と栄養の現状』によると、２０２１年現在、飢餓に苦しむ人口は、全世界で７億６８００万人（世界の全人口の９・８％）。飢餓は免《まぬ》がれているものの十分な食事をとることができない人々は、約23億人いるとされている。

じつに、世界人口の約４割の人々が、まともな食事をとれない窮状にあえいでいることになる。

まさに、食料危機は現実であり、今後も世界人口は増え続けるので、この危機はさらに深刻化する。

国連の人口推計では、現在約80億人の世界人口は、２０５０年には96億人に達し、その後１００億人前後で推移していく。

●ウクライナ戦争が食料危機を招いた？

食料品の高騰の原因について、日本人は、ウクライナ戦争によるものが大きいと思っている。コロナ禍によるサプライチェーンの混乱やインフレによって食料品価格の高騰が起こり、それにウクライナ戦争が拍車をかけたと思っている。たしかに、この見方に間違いはない。

ロシアとウクライナは、世界的な小麦輸出国である。「ＦＡＯ」（Food and Agriculture Organization of the United Nations：国連食料農業機関）によると、ロシア産の小麦の輸出シェアは19％と世界最大で、ウクライナ産の9％と合わせると、全世界の小麦輸出の約3割を占める。これが、ロシアに対する経済制裁と、ロシアのウクライナ戦争で、２０２２年の夏を待たずに、おおかたストップしてしまった。

とくにロシアがウクライナの港湾を占拠し、黒海周辺の船舶の航行を阻止したことは、ウクライナ産の小麦を中心とした穀物の海上輸送を不可能にしてしまった。そのため、国連とトルコが仲介に入って、ようやく輸出再開にこぎ着けたが、この間、輸入側のアフリカ諸国などで、食料危機が発生したのは言うまでもない。

こうしたニュースばかりに接すれば、誰もが、食料危機はウクライナ戦争のせいだと思い込む。しかし、実際はそうではない。もっと大きな原因がある。

それはウクライナ戦争が起こる前から、農産物の価格が高騰していたからだ。モノが不足すれば価格は高騰する。農産物の価格高騰を招いたのは、農産物の不作であり、それを招いたのは、地球規模で進む温暖化による「気候変動」である。

●最大の原因は地球温暖化による「気候変動」

世界最大の小麦生産国は中国である。その中国で、２０２２年は過去にない小麦の価格上昇が続いた。それは、前年の豪雨で作付けが遅れ、それにより収穫量が大幅に減ったからだ。そのため、中国政府は、３回も農家に補助金を支給した。そして、２０２３年になって農業政策を大転換し、習近平主席の〝鶴の一声〟で耕作地を増やすことになった。世界第3位の小麦生産国のインドも、２０２１年来の異常気象により収穫が低減し、２０２２年の5月に小麦の輸出を停止した。

［図表9］は、世界の小麦生産量のトップ10（２０２２）を示したものだが、トップ5の中国、EU、インド（78ページ）、ロシア、アメリカは、近年、毎年のように異常気象に見舞われている。

気候変動による異常気象は、毎年、前年を上回って激化している。もはや、「記録的」とか「観測史上初」という言葉は日常茶飯事になり、それを伝えるニュースにマヒしてしまった人も多いと思う。

北米でも中国でも、そして欧州でも記録的な豪雨と熱波が繰り返され、干ばつが世界中で発生している。とくに欧州は、２０２２年の夏は、第2章で述べたように、歴史的な干ばつの影響でドイツのライン川の水位が低下して大型船が航行できなくなったり、セルビアのドナウ川で第二次世界大戦中に沈められたドイツの軍艦の残骸が川から姿を現わしたりした。

こんなことが続けば、農産物はみな不作となり、価格はさらに上昇する。欧州の農業大国フランスは、歴史上にない干ばつで、ありとあらゆる農産物が不作となり、秋のワインの生産量が大幅に落ち込んだ。

しかし、暑い夏が続くことがワイン生産に好結果をもたらしていることも報告されている。たとえば、ワイン生産が北欧でも可能になったり、ドイツではピノ・ノワールの生産量が上がったりした。しかし、これは例外であり、気候変動は農業に悪い影響しかもたらさない。

農産物は、たとえ1℃の気温上昇でも、品質に影響する。また、収穫量が減り、収穫期が大幅にずれる。

[図表9] 世界の小麦生産量のトップ10（2022年）

単位：t

中国	138,000,000
EU	134,300,000
インド	103,000,000
ロシア	91,000,000
アメリカ	44,902,000
オーストラリア	36,600,000
カナダ	33,824,000
パキスタン	26,400,000
ウクライナ	20,500,000
トルコ	17,250,000

単位：1000t

（参照・出典：アメリカ農務省（USDA））

●日本は楽観ムードだが世界では暴動も

こんな状況なのに、日本では、地球温暖化に対する関心が薄い。人々は猛暑も暖冬も当たり前のように受け入れ、それに合わせた生活を楽しんでいる。2023年は春の訪れがあまりにも早く、東京では3月半ばに桜が開花した。そのため、例年より2週間ほど早くお花見が始まった。

こんな状態だから、政府が地球温暖化対策のために作成した「GX推進法案」の成立も「G7広島サミット」での脱炭素をめぐる各国の論戦も、メディアの扱いは小さかった。

しかし、すでに世界の食料危機は、暴動レベルにまで達している。食料品の価格の高騰が原因で、2022年には、スリランカ、インドネシア、ペルー、パキスタンなどで、本当に暴動が起こった。スリランカでは政府が転覆してしまった。

もっとも悲惨だったのは、パキスタンである。大洪水に見舞われたパキスタンでは、家を失った被災者のなかから、餓死者まで出た。このような状況は、この先、豊富な外貨によっていくらでも食料を輸入できる先進国にも及ぶ可能性がある。これが日本も巻き込まれる本当の食料危機だ。なぜなら、輸入できる食料そのものがなくなるからだ。

2022年の大規模な気候変動は、2023年の農業生産に大きく影響し、ほとんどの農産物の取引で、在庫の取り崩しが当たり前になった。その在庫が底を突いたときから、本当の食料危機が始まる。

●やがて落ち着くという「過去の教訓」

とはいえ、楽観論もある。

それは、過去の教訓から、食料危機が叫ばれてもやがて落ち着く。食料品の価格は、上昇・下落を繰り返すので、いずれ危機は去るという経験則があるからだ。長い目で見れば、豊作と凶作は繰り返されてきた。それが人類が農耕生活を始めたときからの歴史だ。

たしかに、この半世紀を振り帰ってみれば、農産物の価格は一貫して下落してきた。この半世紀で世界人口は約2・5倍になったが、小麦やコメの生産量はそれを上回る3・5倍に増えたためだ。小麦の実質価格（物価変動を除いた価格）は、インフレやウクライナ戦争で高騰したと言われているが、じつは1970年代よりも低い水準になっている。

たとえば、リーマンショックに襲われた2008年にも、世界的な食料危機が叫ばれた。当時「BRICs《ブリックス》」と呼ばれた新興国ブラジル、ロシア、インド、中国が経済成長し、人口増加も加わって食料需要が増加して穀物価格が高騰したからだ。あのときは、前年の欧州の天候不順、オーストラリアの干ばつなども影響した。さらに、トウモロコシを燃料にするバイオエタノールの需要が高まったため、アメリカの穀物生産がトウモロコシに偏り、大豆の価格までが高騰した。

また、あのときは原油価格も上昇し、WTI（ウエスト・テキサス・インターミディエイト）は、2008年7月に最高値を記録し、それにともない小麦価格も最高値を記録したのだった。石油は、トラクターを動かすなど現代農業には欠かせないうえ、生産物の搬送コストを左右するからだ。

ただし、経済は需要と供給で成り立っているので、すぐにバランスが取られる。原油の生産量が増え、小麦の作付面積が増えるなどして、2008年の暮れには原油価格も農産物の価格も下落した。

しかし、今後もまたこのようになるとは言えない。地球温暖化の未来は、過去とは違うものになるはずだからだ。気温上昇のスピードは過去のどんなときとも違っている。それが、気候変動をさらに激しくさせれば、需要に供給（生産）が追いつかず、在庫が底を突く日がやって来る。

●農産物の輸入額がＧＤＰに占める割合が1割

ここで、食料危機を考えるにあたって、大きく分けて二つの側面があることを認識する必要がある。一つは、農産物などの食料の価格高騰により、十分な食料が買えないことで起こる危機。もう一つは、食料そのものが不足して起こる危機である。

つまり、前者では食料は足りている場合がある。ただ、価格が高くて買えないだけである。しかし、後者では食料そのものがない。つまり、後者のほうが本当の危機だ。

いまの食料危機は、前者から始まり後者に移っているのは間違いない。食料が足りなくなってきたうえ、価格も高騰しているからだ。したがって、自給自足ができない多くの途上国では、危機はさらに深刻化する。

では、日本の場合はどうだろうか？

日本には、豊富な外貨準備と対外債権がある。それを考えれば、食料を買い負けることはないだろう。世界で農産物、水産物が足りていれば、日本はそれを買えばいいだけだ。

農林水産省によると、わが国は世界第1位の農産物の輸入国で、小麦やトウモロコシ、大豆などは、ほとんどをアメリカから輸入している。農産物の輸入額は年間約5兆円で、それがGDPに占める割合は約1割である。しかし、これが途上国となると、農産物の輸入額がGDPに占める割合は3～4割にも達する。

つまり、世界の食料生産が安定していれば、日本では食料危機は起こらないと見ていい。ちなみに、日本の消費者が輸入の農水産物に支払う金額は、全飲食料品支出額の2％にすぎない。小麦にかぎれば、0・2％。食料品支出の大半は、加工・流通・外食が占めている。

●台湾有事でシーレーンが遮断される場合

以上のことから、日本で食料危機が起こるとしたら、それは、なんらかの事情で、農産物などの食料を輸入できなくなった場合である。

たとえば、台湾有事で南シナ海と東シナ海の情勢が緊迫し、食料の海上輸入ルートであるシーレーンが使えなくなったとしたらどうだろうか。

日本の農産物輸入先国を見ると、第1位はアメリカで24・5％、続いて第2位は中国で12・4％、以下、オーストラリア6・8％、タイ6・8％、カナダ6・2％、ブラジル5・1％となっている。この上位6カ国で農産物輸入額の6割以上を占めている。

もし、台湾有事でシーレーンが遮断《しゃだん》されると、これらの国からの農産物の輸入はストップしてしまう。もちろん、海産物の輸入もほぼストップする。

とはいえ、それによって私たち国民が飢えるかと言えば、そうとは言い切れない。輸入に依存する食料供給を自国供給に転換すれば、日本はやっていけないこともないからだ。少なくとも、全国民が飢えることはない。

ただし、貧しい食生活になることを覚悟する必要はある。その点で言うと、食が欧米化する以前の戦後への回帰と言ってもいいかもしれない。すなわち、コメとイモなどの農産物と、近海の水産物を中心とした食生活である。フレンチやイタリアンなどの高級レストランから回転寿司店まで、食材がなくなるので、多くが潰れる可能性がある。牛肉やトロは高嶺の花となる。

●食料安全保障では日本は世界第９位

ここで、第4章の冒頭に書いた「日本は食料自給率が低い」という話の続きをしてみたい。

日本人ならほぼ誰もがこのことに不安を抱いている。食料自給率が低いのは、農産物の多くを日本でつくれないからで、日本は食料を輸入に頼らなければやっていけないと思っている。たとえば、小麦、大豆はほとんどが輸入に頼っている。政府もメディアも、「日本の食料自給率は38％と低すぎる」と盛んに言っている。

農林水産省は、例年8月に、最新の食料自給率を発表する。最新の２０２２年8月に発表された２０２１年度の食料自給率は38％で、前年の37％から１％増えたが、依然として「低すぎる」とメディアは報道した。

こんな報道が続くから、近年、「食料安全保障」が提唱されようになり、自給率アップが提唱されるようになった。

しかし、「ＦＡＯ」のレポート（２０２０年）によると、世界１１３カ国の食料安全保障状況はポイントでランキングされ、［図表10］のようになっている。

このポイントは１００ポイントを満点とし、食料価格、値ごろ感、食料資源、安全性、品質などの指標で比較したものだ。

なんと、日本は77・9ポイントで世界9位である。小麦などの有数の生産国アメリカ、カナダよりも高い。なぜこんなことになっているのだろうか？

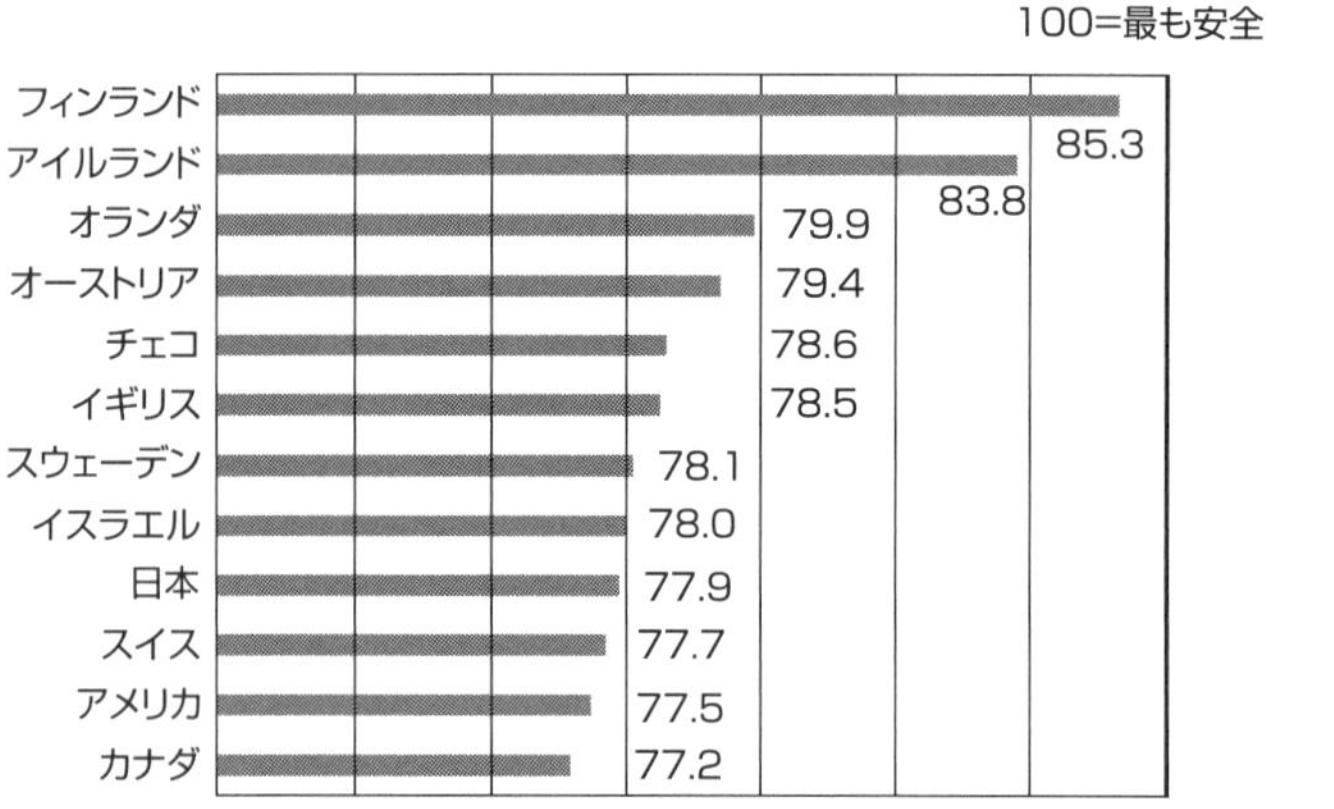

［図表 10］ 食料安全保障ランキング・トップ 12（2020 年）
（参照・出典：FAO、農畜産業振興機構）

●世界でも低い食料自給率38％のカラクリ

日本の食料自給率が低い理由は、それが、農林水産省によって人為的つくられた数字だからだ。自給率を計算するのに、「額」「量」「カロリー」のどれを用いるかで数値は変わるが、基本的にはどれも分子が「国産」で分母が「国産＋輸入」である。とすると、「輸入」が多くなればなるほど、自給率は少なくなる。つまり、食料をほとんど輸入しなければ１００％に近づくわけで、北朝鮮が１００％に近いのはこのためだ。北朝鮮には食料を輸入する資金、経済力がないから、１００％に近くなるのだ。

逆に日本の自給率が低いのは、食料を輸入できる資金、経済力があるためで、北朝鮮より自給率が低いからといって、それが問題化されるのはおかしい。いざというときに、国民が飢えない食料生産が可能かどうか、つまり「自給率」ではなく「自給力（潜在的）」があるかどうかが問題なのだ。この点で、日本はかなり高いほうと言っていい。

次に、日本の食料自給率は、政府によってわざと低くされているということを指摘しておきたい。

１９６０年に、日本の食料自給率は79％あった。そして、その6割をコメが占めていた。しかし、政府与党は、農家の票を維持するために「減反（生産減少）」政策を行い、コメの生産を抑制してきた。

この国民にとってはまったく意味のない政策により、ＪＡ農協は利益を確保し、農林族議員は安泰となったが、食料自給率は下がり続けたのである。現在にいたるまで、日本のコメの生産量は減り続けているが、それは、減反すれば補助金がもらえるという政策のせいである。

こんなバカなことをやっている国は、世界のどこにもない。

もし政府がいまの減反政策を廃止すれば、コメの生産は飛躍的に増大し、食料自給率は跳ね上がる。また、地球温暖化により、日本でも同じ場所で同じ作物を1年に2回栽培し収穫する「二期作」も実現できる。日本は、このように、いざとなれば食料危機を十分に回避できる潜在力がある。

しかし、その「いざ」が地球温暖化による食料危機なら、私たちは食生活を変えなければならない。

●世界で急拡大するフードテック・ビジネス

いま世界で食料危機回避の切り札として、注目されているのが、「フードテック」である。文字どおり、「フード」と「テクノロジー」の合成語で、テクノロジーを使って従来の食料生産、食品生産、調理法などを改善、発展させることを目指している。前記したように、フードテック・ビジネスには「川上」と「川下」がある。

川上で代表的なのが、植物由来の原料でつくる「代替肉」「植物ミルク」、必要なエネルギーと栄養をもれなく摂れるようにつくられた「完全栄養食品」、食品廃棄物で育てた昆虫を食料にする「昆虫食」などだ。また、天候や気温などに左右されずに安定して植物を栽培できる「植物工場」、陸地のプラントで魚を育てる「陸上養殖」、動植物の食べられる部分の細胞だけを抽出して培養する「細胞培養」なども、大いに注目されている。

すでに、私は代替肉を何度か試してみたが、これは本物の肉と変わらず、言われなければ植物由来とは気がつかない。また、牛乳の代わりにつくられたオート麦やアーモンドに由来した植物ミルクは、牛乳よりはるかに体に良いので、最近は、よく飲んでいる。

川下の代表的なものは、冷蔵庫や調理器具をインターネットでつなぎ食材の無駄を減らす「スマートキッチン」、スマホで使える「賞味期限管理アプリ」、食品の長期保管を可能にする「コーティング・包装・容器技術」や「特殊冷凍技術」「フードロス削減」などのほか、農作業を効率化する「オートトラクター」。同じく外食を効率化する「無人レストラン」などがある。

すでに、アメリカでは無人レストランの「Eatsa」（イーツァ）が人気で、日本でもつくられるようになった。

●フードテックに完全に出遅れた日本

フードテックの世界の市場規模は、２０２０年時点で日本円で約24兆円とされているが、２０５０年には現在の10倍を超える２７９兆円まで拡大すると予測されている。

しかし、日本ではほとんど盛り上がっていない。農林水産省によると、２０１９年時点でのフードテック分野への投資額は、アメリカが９５７４億円、中国が３５２２億円、インドが１４３１億円、イギリスが１２１１億円となっているが、日本はたったの97億円。完全に出遅れている。

これは、日本が人口減社会になり、食料需要が伸びる見込みがないことが、大きく起因している。いくら、テクノロジーが進み生産効率が上がろうと、需要そのものが減少しているのだから仕方ないと言える。

しかし、食料危機は世界的な大問題で、その解消のために努力をしなければ、人類の未来は暗い。また、国内市場だけが市場ではない。

じつは、日本政府も危機感がないわけではなく、フードテック促進のために、2020年10月に農林水産省は、産学官連携による「フードテック官民協議会」を立ち上げた。そして、テーマごとの作業部会（ワーキングチーム）が開かれ、2022年6月には第1回総会が開かれた。

しかし、今日まで大きな成果は聞こえてこない。2023年2月に「フードテック・ビジネスコンテスト」が開かれたが、メディアの報道はほとんどなかった。

地球温暖化対策は、エネルギー分野だけの問題ではない。農業をはじめとする第一次産業から第三次産業にいたるまで、あらゆる産業分野で社会を変革していかなければならない。それが、本当の地球温暖化対策であり、脱炭素社会への道だ。単にCO_2の排出量を削減すればいいという話ではない。CO_2の排出と吸収がイーブンになる循環型の新しい産業社会をつくらねばならない。しかし、日本には、そうした社会づくりのための総合的な絵図がない。

第5章　カーボンニュートラル達成できず

●G7は環境サミットで「外交的勝利」？

日本の脱炭素への取り組みが、世界と比べて周回遅れであることは、いまや広く知られている。ただ、世界と比べてといっても、それは主に欧米世界であるから、このことに関して政府はそれほどの危機感を持っていないようだ。とくに、政治家には危機感がない。危機感がないというより、日本の政治家はおしなべて地球温暖化に無関心である。それは、環境問題が選挙での票に結びつかないためだろう。

しかし、こんな状態を続けていたら、やがて日本は世界から取り残される。それこそ、〝環境ガラパゴス〟になってしまいかねない。

そう思わされたのが、2023年4月の「G7環境サミット」(気候・エネルギー・環境相会合)と、同月末に成立した「GX推進法案」である。とくに、「GX推進法案」は、今後の日本の脱炭素への取り組みの指針となるというのに、これでいいのかというほど後ろ向きだ。

では、まず、G7環境サミットから話を始めたい。

この会合は、2023年5月の「G7広島サミット」に先駆けて、4月15、16日の2日間、北海道・札幌市で開かれた。この会合の主な課題は、

①石炭火力発電を含む化石燃料の削減と廃止

②自動車のCO_2排出量の削減
③再生可能エネルギーの導入・促進の目標設定
の３点だった。

このうち、会合前から日本で注目されたのが、①における、石炭火力を含む「化石燃料」（fossil fuel）の段階的廃止と廃止時期の明言、②におけるCO２を排出しないZEV（ゼロ・エミッション車）、主にBEV（バッテリー電気自動車）の新車販売の目標設定だった。この二つとも、日本政府は「できない」「ほかにやり方がある」としてきたからだ。

では、結果はどうなったか？

なんと、日本の立場、主張が認められ、①、②とも先送りされたかたちになった。会合後発表された共同声明文には、①、②とも盛り込まれなかった。

さらに日本の主張、原子力発電の推進に関しても、承認・歓迎されたかたちになった。すでに再稼働、運転期間の延長、新設を決めている日本にとっては、これは朗報である。G７環境サミットと並行して、日本、アメリカ、カナダ、イギリス、フランスの５カ国の原子力機関の代表が会合を持ち、「G５」として、クリーンエネルギーとしての原発の推進と協力を決めたからだ。その席で、アメリカのエネルギー省のJ・グランホルム長官は、「G７のうち少なくとも５カ国が同じ目的意識を共有している」と、現在を「新しい原子力の夜明け」と表現した。

こうしたことから、主要メディアのなかには、「日本の外交的勝利」と報じたところがあった。日本にとって最善の結果が得られたというわけだ。

しかし、これはそんな話ではない。原発推進だけは朗報だが、それ以外では、日本はむしろG7の取り組みの足並みを乱したからだ。

G7は結束して、地球温暖化対策を先導していかなければならないし、そのための確かな道筋を全世界に示さねばならない。そうでなければ、〝先進7カ国〟などとは、とても言えない。

●日本は脱炭素に「非協力国」「ゴネる国」

「世界中の国にはそれぞれの経済事情やエネルギー事情がある。多様な道筋があることを認めながらも、2050年脱炭素の共通ゴールを目指すことが重要と確認できた。そして具体化していく取り組みを合意できた」

共同声明を採択した直後の記者会見で、議長を務めた西村康稔経済産業相は、こう言って胸を張った。

この〝多様な道筋〟というのが、このG7環境サミットのキーワードと言っていい。脱炭素には、クルマをEVだけにしてしまう、化石燃料を全部やめてしまうなどという単線的なアプローチだけではなく、多様なアプローチがあるとしたからだ。

化石燃料に関していえば、天然ガスも含め早期全廃を主張する欧州に対し、日本は水素やアンモニアを使ってＣＯ$_2$の排出量を減らす技術に強みがあるため、「化石燃料を活用しながらのネットゼロ」を主張した。結果的にこれがとおり、共同声明文の文言は、「排出削減対策が講じられていない化石燃料を段階的に廃止する」となり、天然ガスへの投資も一部容認することになった。これは欧州が現在もなお天然ガスに依存しないと、エネルギー供給が成り立たないからでもある。

こうして、結局、全体としては極めて日本寄りの共同声明となった。つまり、ほかの6カ国は、議長国の日本の顔を立てたかたちになったのである。

自動車分野のＣＯ$_2$削減に関しては、「２０００年比で２０３５年までに50％削減する」という目標設定だけになり、化石燃料に関しては、化石燃料にＬＮＧが含まれることが明文化されただけ。再生エネルギー分野でも、太陽光発電を7カ国合計で２０３０年までに10億kW、洋上風力発電を２０３０年に合計1億５０００万kW導入するという目標が決まっただけになったのである。

このようなG7環境サミットの結果は、日本から見た場合と、脱炭素政策を強力に進める欧米側から見た場合では大きく異なる。すなわち、日本は欧米側から見れば、「脱炭素に非協力な国」「ゴネる国」としか見えないからだ。

このポジションは、つい先日までの中国と同じだ。

●「GX」は日本の造語で国際的に通用しない

G7環境サミットで、日本のメディアがあまり取り上げなかったことが二つある。

その一つは、日本が原発を脱炭素、再エネ転換への一つの手段として、その重要性を声明に入れようとしたことに、ドイツが強く反対したことだ。これにイタリアが追随した。

ドイツの主張は、冷静に考えれば常軌を逸しているが、その結果、共同声明の文面は変更することになった。原発推進の文言の主語が、「私たち」(G7全体)ではなく、「原発を利用する国」に変更されたのである。

もう一つは、日本の脱炭素政策の目玉であるGX(Green Transformation:グリーン・トランスフォーメンション)という言葉が、意味不明なため、まったく相手にされなかったことだ。

じつは日本政府(とくに経済産業省)は、共同声明にGXの2文字を盛り込むことを要望していた。それは、2022年の夏に、政府内に「GX実行会議」がつくられ、ここで脱炭素政策を推進していくことが決まったからだ。

すでに日本は、「2050年カーボンニュートラル」「2030年温室効果ガス(GHG)の2013年度比46%削減」を国際公約にしている。「GX実行会議」は、それを具体化、実行するために創設された。

その結果、まとめられたのが「GX推進法案」である。

この法案は、2023年2月10日に閣議決定され、3月30日に衆議院を通過し、その後、参議院に送られた。この参議院での審議中に、G7環境サミットが開かれたのである。つまり、政府としては共同声明に「GX」の二文字を盛り込むことで、日本が地球温暖化対策に真剣に取り組んでいるという〝お墨付き〟をもらおうとしたのだろう。経済産業省では、「GX」を次のように定義している。

《2050年カーボンニュートラルや、2030年の国としての温室効果ガス排出削減目標の達成に向けた取り組みを経済の成長の機会と捉え、排出削減と産業競争力の向上の実現に向けた、経済社会システム全体の変革》

しかし、「GX」に各国は難色を示した。なぜなら、これは日本が勝手につくった造語であり、英語表現としても疑問符がつくからだ。そんな言葉は、国際的に通用しないと判断したのである。たしかに、英語では「トランス」という接頭語を「X」で代用することがある。しかし、グリーンに「X」をつけて「GX」とした場合、それがなにを意味するのか英語を母国語とする人間にもわからない。

G7環境サミットに出席したフランスのクリストフ・ベシュ・エコロジー移行担当相は、ブルームバーグの取材に答え、「GXという言葉はイノベーティブだとは思うが、初めはそれが具体的になにを指しているのかはわからなかった」と語った（ブルームバーグの配信記事より）。

こうして、共同声明文には、「GX」という2文字はなくなり、かろうじて「a green transformation」と一般名詞としての表現のみで記されることになった。日本は赤っ恥をかいたのである。

●原子力関連を含め五つを束ねた〝束ね法案〟

G7環境サミットで味噌をつけたと言える「GX推進法案」だが、岸田文雄首相としては、これをもって5月の「G7広島サミット」で、日本の脱炭素政策の目玉としてアピールするつもりだったようだ。しかし、その内容たるや、とてもアピールできるものではない。

周回遅れの地球温暖化対策をさらに後退させてしまうものにしか、私には思えない。読んではみたが、これでは2050年のカーボンニュートラル達成は無理というのが正直なところだ。

「GX推進法案」は、「今後10年の取組み方針と位置づけられるもの」として、次の3点を柱としている。

①徹底した再エネ推進
②再生エネルギーの主力電源化
③原子力の活用

となれば、①と②がメインとなり、それが計画性を持って具体的に規定されるべきだが、そうなっていない。単に、脱炭素を推進する言葉を並べただけのようにしか思えないのである。

しかも、この法案は、「原子力基本法」「原子炉等規制法」「電気事業法」「再処理法」「再エネ特措法」の改正案５本を束ねた〝束ね法案〟で、正式名は「脱炭素社会の実現に向けた電気供給体制の確立を図るための電気事業法等の一部を改正する法律案」と長ったらしい。そのうえ、よく読めば、③の原子力の活用がもっとも強調されている。

つまり、再エネを「主力電源として促進する」としながら、原発復活を正当化し、それを推進するための法案としか思えないのである。この法案どおりに脱炭素化を進めていくと、原発は推進されるが、再エネ転換の周回遅れは、さらに2周も3周も加速されてしまうだろう。

●そこまで原子力発電に頼っていいのか

「ＧＸ推進法案」における原子力発電の位置づけは、原発を日本のエネルギー政策の中核とし、カーボンニュートラルに向けて最大限に活用していくというものだ。そのために、次世代原発の建設を進めるほか、既存原発の60年超の運転も認めることになった。

日本政府は、２０１１年の東日本大震災時の「福島第一原発」の事故後、原発の新増設や建て替えを「想定していない」（＝論外）としてきた。しかし、岸田内閣になって、この方針は突然変更された。

そのため、「GX推進法案」では、安全性を高めた次世代原発の開発・建設にかぎって承認するとしている。ただし、「廃炉を決定した原発の敷地内での建て替え」という条件がついた。

既存原発の運転に関しては、電事法で規定する「原則40年、最長60年」を、原子力規制委員会の安全審査や裁判所の仮処分命令などで停止した期間にかぎって延長できるとした。これで、原発は事実上の60年超運転になった。運転期間の上限がきても、そこに新炉をつくればさらに運転できるから、事実上、原発は永遠に操業できることになったのである。

「IEA」（国際エネルギー機関）は、2022年6月に「特別報告書」を発表し、そのなかで、IEAが提唱する「2050年実質ゼロ排出量シナリオ」のためには、原発の倍増が必要だとした。また、コスト面から見ても、原発はほかの低炭素技術より安上がりだと指摘した。

したがって、日本の原発再利用促進政策は正しい判断と言える。ただし、原発の原料となるウランは、石油や天然ガスと同じく、日本では採掘できない。この点で、供給と安全保障面での不安がある。となれば、本当の意味で脱炭素社会を目指すなら、原発は老朽化したものからいずれ削減・停止し、最新のものをつくっていくほうが望ましいのではないだろうか。

●ドイツ、フィンランドのどちらが正しいか？

それにしても、ドイツの脱原発は行き過ぎだ。

それを日本の左翼、原発反対派は絶賛するが、じつはドイツ国内では、脱原発に懐疑的な声のほうが強くなっている。

ドイツは、２０２３年4月15日、札幌でＧ７環境サミットが開かれている最中に、残っていた3カ所の原発を完全に停止させた。これで、60年以上にわたったドイツの原子力発電は幕を閉じた。しかし、それを祝福したのは環境アクティビストたちだけで、彼らは、原発前に集まって祝杯をあげた。

しかし、隣国のフランス、ポーランドでも原発は稼働しており、さらに新設も計画されている。また、ミサイルが飛び交うウクライナでも原発は稼働中なのである。ならば、環境アクティビストたちは、自国の原発よりウクライナの原発に行き、そこで「停止」を叫ぶべきではないだろうか。

ドイツが脱原発を決めたのは、環境アクティビストたちが原発は安全でないと強硬に主張したからだった。メルケル前首相は、原発容認派だったにもかかわらず、日本の福島原発事故を見て方針を転換した。ドイツには、地震も津波の恐れもないのにである。

ドイツが原発を停止させた翌日、フィンランドは、オルキルオト原子力発電所内に新設した世界最大級の出力１６０万kWの新型原発の運転を開始した。新原発の稼働は、欧州では15年ぶりの出来事だった。

フィンランドの新原発は、日本の福島原発事故を教訓に、核燃料を冷却する「コアキャッチャー」と呼ばれる最新装置を設置し、万全の安全対策を施している。ドイツとフィンランドのどちらが、合理的かつ科学的だろうか。

フランスは現在、原発をフル稼働中で、今後、14基の原発を建設する予定だ。イギリスもポーランドも新原発の建設に入っている。スウェーデンとベルギーも既存原発の運転を継続中で、新原発の建設を計画している。ロシア、中国はすでに着工している。

ただし、こうした国々では、ロシアを除いて、再エネ転換も積極的に進めている。電力消費量に占める再エネ比率は、フィンランドもイギリスもドイツ同様4割を超えているが、なお、拡大させる努力を続けている。

ところが日本は、やっと2割を超えたに過ぎない。となると、遅れている再エネ転換の穴埋めを原発でやらざるをえなくなる。左翼的な原発反対派の主張は論外だが、原発に頼り過ぎるのも問題ではないだろうか。日本のような地震多発国で、しかも燃料を海外に頼る原発をこれ以上推進していいものだろうか。

いいというなら、政府はごまかしのような原発政策はやめて、堂々と徹底して安全を確保した新原発建設を進めるべきではないだろうか。

●すべての前提となる国連の「評価報告書」

世界各国で、カーボンニュートラルのための法整備が進み、再エネ転換が進展しているが、その前提には、国連の提言、方針、警告がある。それが、すでに何度も述べてきた「ＩＰＣＣ」（気候変動に関する政府パネル）の「評価報告書」（ＡＲ：Assessment Report）だ。

第１章で述べたように、ＡＲはこれまで６回公表されていて、その最新版の「第６次評価報告書」（ＡＲ６）を改めて読んでみると、危機感にあふれていることに驚く。「パリ協定」を踏まえた目標は、気温を産業革命以前に戻すために、上昇を１・５〜２℃に抑えることだが、その達成は、現状では難しいと嘆いている。

「図表11」は、ＡＲ６の指摘に基づいて、１・５〜２℃の目標実現のプロセスをグラフにしたものだ。最低限の１・５℃達成のためには、２０３０年に２０１９年比で43％、２０３５年に同比で60％、２０４０年に同比で69％の削減が必要になる。つまり、あと約20年後の２０４０年に、現在の７割弱

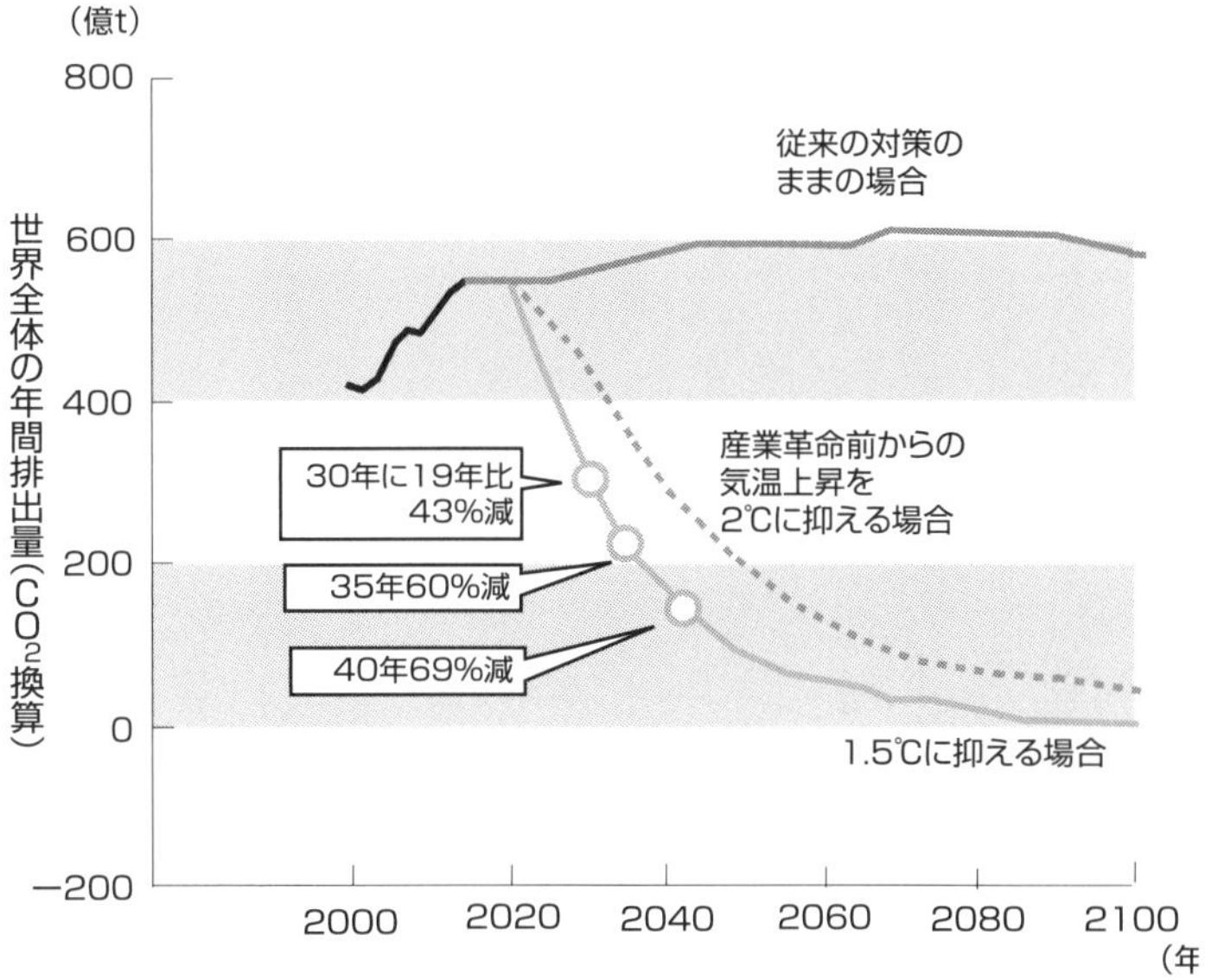

［図表 11］気温上昇 1.5 〜 2℃抑制へのプロセス
（参照・出典：IPCC 第 6 次評価報告書（Climate Change 2023））

にまで減らさなければならない。わずか20年弱で、はたしてこれができるだろうか？

もし、それができず、現在の対策のままで経過した場合、気温上昇は2・3〜3・5℃になると予測されている。気温が1・5℃上昇すると、豪雨や洪水に見舞われる頻度が増し、日本の場合、夏の猛暑日は現在の2倍になると言われている。

3℃上昇した場合は氷河、氷床が溶け出し海面上昇が確実に起こるとされている。

世界各国がこれまでに表明したカーボンニュートラルでは足りない。それ以上の削減努力が必要だと、AR6は述べている。そして、目標実現のためには、2020年代にCO_2の排出をどれだけ削減できるかだと警告している。つまり、CO_2の「正味排出ゼロ」の早期実現が絶対に必要であり、今後10年間が〝勝負の10年間〟になるというのだ。

この国連の警告を踏まえると、日本の「GX推進法案」の時間認識は遅すぎると言わざるをえない。「GX推進法案」は、後述するように、カーボンプライシングの本格的な導入を掲げてはいるが、その実質的な稼働は2030年代となっている。

これは、欧米に比べるとあまりにも遅い。

●「炭素税」を「賦課金」として本格導入

「GX推進法案」で導入された「カーボンプライシング」（CP：Carbon Pricing）とは、簡単に言うと、CO_2の排出に「価格付け」（プライシング）を行うことだ。

これによって、CO_2削減へのインセンティブが生まれ、また、その資金も捻出できる。つまり、地球温暖化問題は経済問題となり、経済はいわゆる「気候変動経済」（気候変動に対応した経済：climate economics）となる。どんな経済活動も、地球温暖化阻止、脱炭素化なしには成り立たなくなる。

カーボンプライシングの代表的な手法には、「炭素税」（ＣＴ：Carbon Tax）と「排出量取引制度」（ＥＴＳ：Emissions Trading Scheme）の二つがある。

炭素税は、ＧＨＧを使用したことにより排出されるCO_2に対して課税することで、CO_2に価格をつける。日本の場合、これを炭素税とは言わず、「地球温暖化対策税」（温対税）と言って、炭素税に準じるものとしてすでに実施している。

しかし、その課税水準は各国に比べて著しく低く、しかもCO_2排出量に応じた税率となっていない。炭素税が導入されると、企業は次の２択のうちどちらかを迫られる。

①CO_2を排出して税金を払う
②CO_2排出量削減に取り組んで税金を抑える

つまり、課税水準が低いと、②が選択されにくい。

たとえば、スウェーデンの炭素税はCO_2排出量1tあたり119ユーロ（約1万7700円）だが、日本の温対税はなんと289円に過ぎない。炭素税は、気候変動対策を進めるうえでの財源となるが、この状況だと財源は十分に確保できない。

そこで、「GX推進法案」では、2028年度から化石燃料輸入事業者に対して、その事業者が輸入などで扱った化石燃料を由来とするCO_2の量に応じて、相応の「化石燃料賦課金」がかかるようにした。さらに、2033年度からは、発電事業者に対して、一部有償でCO_2排出枠を割り当てたうえで、その量を超える部分に応じて「特定事業者負担金」がかかるようにした。

しかし、2033年度に本格実施開始では、あまりにも遅いと言うほかない。しかも、恒久的な財源となりえる「炭素税」としての導入は見送られ、「賦課金」というかたちなった。

一方の「排出量取引制度」はどうかというと、これもまた本格稼働は遅すぎると言うほかない。

●韓国や中国よりも遅れた「排出量取引」

排出量取引は、「キャップ・アンド・トレード」（cap and trade）とも言われ、「京都議定書」の第17条に定められた京都メカニズムの一つで、国や企業間でCO_2の排出枠を売買する制度だ。国や企業にCO_2の排出枠（限度＝キャップ）を設け、その排出枠（余剰排出量や不足排出量）を取引（トレード）する。こうすれば、排出削減に努力している国や企業ほど排出枠を売買できるため、単純に排出量を規制するよりも排出削減につながるとして、すでに世界中で導入されている。

ＥＵは世界に先駆けて「ＥＵＥＴＳ」として２００５年から開始し、段階的に改善されて現在にいたっている。アメリカは、連邦レベルでは導入されていないが、州ごとには導入されている。カリフォルニア州がもっとも早く、２０１３年から開始している。韓国でも２０１５年に、中国でも２０２１年から全国レベルで導入・稼働している。

世界銀行の調べによると、２０２１年４月現在、世界全体で合計64のカーボンプライシングが導入済みで、その内訳は、炭素税が35、排出量取引制度が29とほぼ同数となっている。この二つは単独では効果が薄く、多くの国で二つを組み合わせて実施されている。

日本の場合は、全国レベルのＥＴＳ導入が大幅に遅れた。なにしろ、菅内閣が「２０５０年カーボンニュートラル」を表明するまで、経団連はカーボンプライシングに反対してきたのである。

しかし、もう限界と、２０２２年９月になってやっと導入に踏み切った。

●日本は国連の提唱に対して真剣でない

日本初のＥＴＳは、東京証券取引所で、「ＧＸリーグ」と名づけられて、経済産業省主導の下に実証実験として始まった。この構想は２０２２年２月に公表され、当初は４４０社が参加した。

「ＧＸ推進法案」では、このＧＸリーグを本格稼働させるとしている。日本のＥＴＳはＥＵの「Ｅ

UETS」のパクリともいえ、まずは企業に無償でCO_2排出枠を配布することからスタートする。

そうして、2026年度からは取引に参加する企業の対象を広げ、ルールも厳格にする。参加企業は2030年までに実現可能なGHG削減目標を設定し、もし未達だった場合には、排出量取引の実施状況を公表することが義務づけられる。

さらに、2033年以降に、電力会社のCO_2排出に対して排出枠を有償で配分する制度を開始するとしている。

前述したように、国連は2020年代の10年間をカーボンニュートラル達成のための〝勝負の10年間〟としている。しかし、「GX推進法案」によるカーボンプライシングの本格稼働は2030年以降である。

となると、日本は国連の提唱に対して真剣ではない、脱炭素に真摯《しんし》に取り組んでいないと言われても仕方あるまい。

いったいなぜ、こんなことになってしまったのだろうか？

●たった3カ月の議論で原発再稼働が決定

もともと、岸田首相が地球温暖化に対して定見を持っていたとは思えない。歴代首相も同じである。したがって、日本の気候変動対策は、国際社会の動きを見ながら、官僚中心で決められてきた。

［図表 12］2022 年 7 月 27 日、第 1 回 GX 実行会議で温暖化対策を訴える岸田首相（首相官邸ホームページより）

しかし、その中心にあるのは、経済産業省が主管するエネルギー政策であり、地球温暖化対策としては「温暖化対策法」という環境省が所管する法律があったに過ぎなかった。この法律は、企業に対してＧＨＧの排出量の算定と報告を義務化したもので、削減義務はなかった。そのため、たびたび改正が行われてきた。

そうして、岸田政権になって、菅前政権の「２０５０年カーボンニュートラル」をさらに推進するために、経済産業省主管でできたのが、エネルギー対策と脱炭素政策をまとめて議論する「ＧＸ実行会議」で、ここで新たなガイドライン、ルールづくりをすることになった。

２０２２年7月21日、軽井沢で開かれた経団連の夏季フォーラムで、岸田首相は「ＧＸ担当相」を新設することを表明した。さらに、脱炭素に向けてのカーボンプライシングなどの政策に関して、「10年のロードマップを示し、企業の予見可能性を高めたい」と述べたうえで、「GX経済移行債」を20兆円規模で発行するとぶち上げた。

こうして7月27日に、第1回GX実行会議が開かれ、以後5回の会議を経て「GX推進法案」がまとまった［図表12］。

驚くべきは、この会議がクリーンエネルギーとしての原子力の再活用を中心に議論されたことである。そうして、たった3カ月で、原発再稼働・推進という、これまでのエネルギー政策の大転換が決まったことだ。

岸田首相は、2022年8月の第2回GX実行会議で、原発再稼働・推進の新方針を表明した。会議創設前から、あらかじめ決まっていたとしか思えない。

折から、ウクライナ戦争によるエネルギー危機が深まっていたので、タイミングがいいと判断したのだろう。

●大臣人事に見る岸田政権の地球温暖化無関心

岸田政権が、地球温暖化よりも原発のほうに興味があったことは、人事に現れていた。ぶち上げたGXの担当大臣に、その後、統一教会問題で火だるまになった萩生田光一経済産業相（当時）を、兼務とはいえ起用したからだ。萩生田氏は、菅前政権が宣言したカーボンニュートラル政策を踏《とう》襲《しゅう》するとは表明したが、もともと地球温暖化には関心が薄い。なにより、原発推進派の一人と目されてきた人物である。

さらにもう一人、統一教会問題でウソを連発して辞任に追い込まれた山際大志郎氏を、経済財政政策担当大臣に起用していた。このことは、岸田首相がいかに脱炭素に無関心かを示している。

なぜなら、山際氏はかねてから炭素税導入には反対を表明していたからだ。日本がカーボンニュートラルを進めるために、いまもっともすべきは、カーボンプライシングの重要な柱とされる炭素税をどうするかである。しかし、彼は炭素税そのものに反対してきた。

また、環境政策の要となる環境大臣には、自民党安倍派の西村明宏氏が就いた。しかし、この人も、自民党の総合エネルギー調査会幹事長を務め、原子力発電の強力な推進派の一人だ。COP27では閣僚会合でスピーチしたが、懸案の「ロス&ダメージ」に対して、日本は途上国に向けて世界銀行をとおして資金を提供すると表明しただけ。いわゆる「海外バラマキ」である。日本がまだ先進国、大国であるという意識が抜けていない。

●国債を財源とし経済産業省がすべてを仕切る

さて、どんな法案も、それを実施するには財源がいる。

前述したように、岸田首相は、2022年夏に「GX経済移行債」を20兆円相当発行し、これをカーボンニュートラルの達成に投じると表明した。つまり借金が財源である。

もちろん、いずれは炭素税や排出量取引などで徴収した税金を充てるが、とりあえず国債発行でまかなうという、もっとも安易なやり方を選んだ。

「GX推進法案」では、財源として、①補助金を用いた産業の脱炭素化支援、②そのための財源を当面調達する国債（GX経済移行債）の発行、③国債を将来償還するための財源としてのカーボンプライシング（排出量取引制度と炭素賦課金）を導入するとなっている。

①の補助金は、たとえば鉄鋼業では水素還元製鉄、セメント産業ならばグリーンセメントなど、CO_2を排出しない製法への転換を促すために、政府が支出する。この補助金を当面、「GX経済移行債」でまかなうというのだ。

つまり、これまで政府が特定産業を保護してきた方法となんら変わりない。その結果、日本の家電、半導体、液晶などは、国際競争力を失い、海外勢にことごとく敗戦を喫した。しかも、すでに国債残高1000兆円を超える赤字財政のこの国で、さらに国債を発行しようというのである。日本政府は、完全に常軌を逸してはいまいか。

「GX経済移行債」の発行を決めるのは政府であり、それは閣議決定で国会ではない。というのは「GX推進法案」では、経済産業省の下に「GX推進機構」が設けられ、ここが日本の脱炭素政策のすべてを取り仕切ることになっているからだ。「GX推進機構」は、経済産業大臣の認可法人であり、業務計画、財務・会計などは、「経済産業省令」によって定めるとされている。

このシステムで、はたして有効な地球温暖化対策がなされるだろうか？

●G7でただ1国違う方向に向かっている

１５０兆円超と言えば、巨額投資である。となれば、地球温暖化対策に関して、本当に有効な案件におカネが使われなければならない。ところが、「GX推進法案」は、その目的とする脱炭素、カーボンニュートラル達成のための再エネ転換には、大した予算が計上されていない。１５０兆円超のうち31兆円と、全体のわずか20％程度に留まっている。

太陽光発電、風力発電、地熱発電などの進展とその周辺技術、周辺産業の育成のほうが、石炭火力を含む化石燃料による発電、原子力発電より優先順位が高いはずだが、そうなっていない。化石燃料と既存原発を最大限活用することに重点が置かれ、再エネは二の次

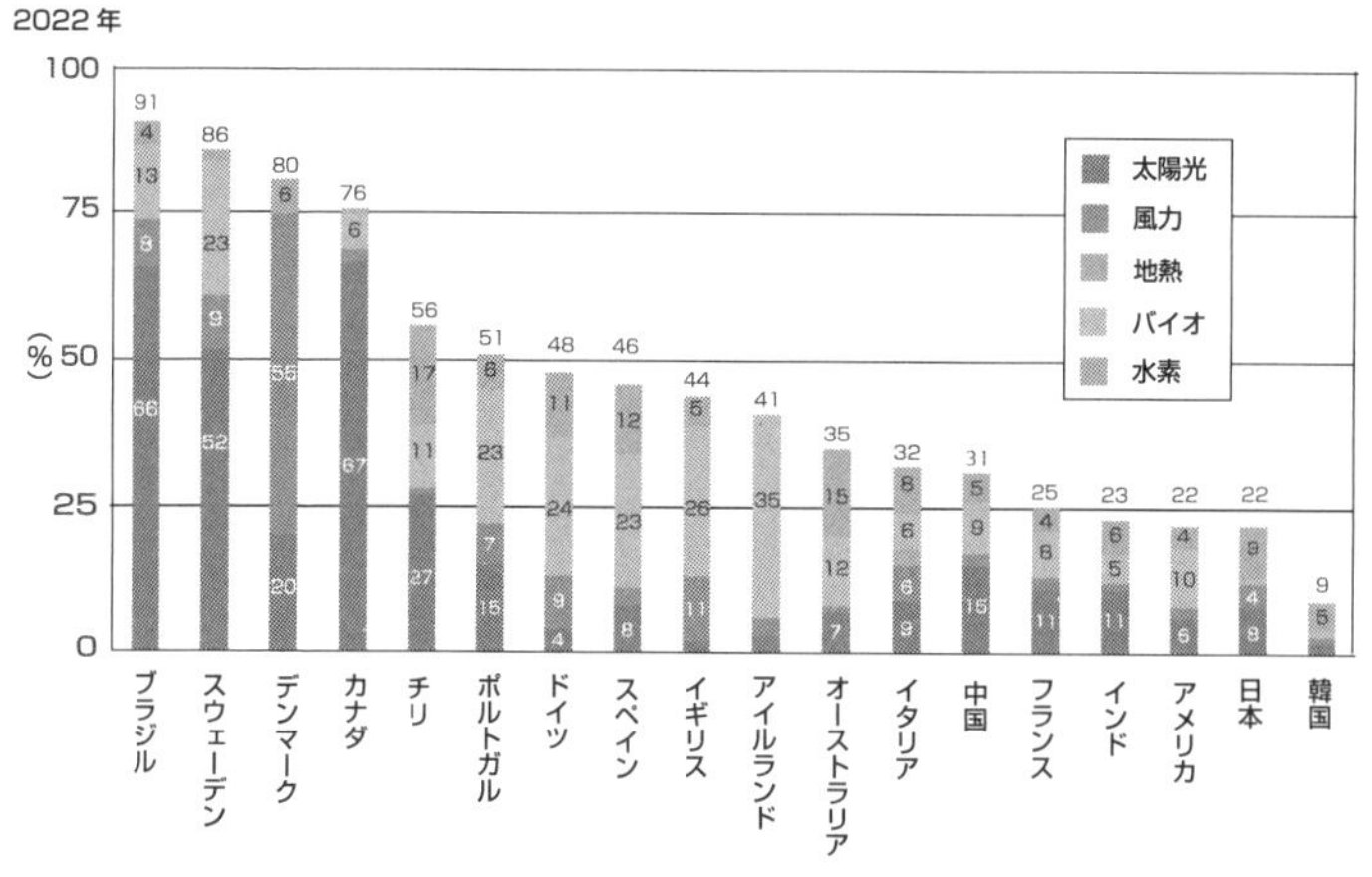

［図表13］世界の主な国の消費電力における再エネの割合とその内訳
（出典：IEA（Electric statistics Data, December 2022））

なのである。

これに対してＥＵとアメリカは、再エネに巨額の投資をする法案を成立させ、すでにそれを進行させている。欧州のグリーンディールは、２０５０年までにＧＨＧの排出量が正味ゼロの社会・経済を構築することを主眼とし、再エネのインフラ整備に重点が置かれている。

アメリカは、バイデン政権が成立させた「インフレ抑制法」（ＩＲＡ）により、２０３０年までに２００５年比でCO_2の排出量を50〜52％削減することを決定し、そのために、太陽光発電や風力発電など、再エネ技術にかかわる国内製造業に大規模な優遇策が実施されている。

ＥＵ、アメリカとも、これらの投資は２０２０年代の現在進行形だが、日本は２０３０年代の未来形である。しかも、日本の目指す方向は、ＥＵ、アメリカと違っている。Ｇ７においては、日本ただ1国が違う方向に向かっている。

［図表13］（１１１ページ）は「世界の主な国の消費電力における再エネの割合とその内訳」である。ここからわかるように、日本は現在再エネの割合は22％でアメリカと並んでいる。しかし、10年後はアメリカが倍増し、大きく差が開いているはずだ。

イギリスやドイツは現在の割合をほぼ半分にまで持ってきているが、10年後には8割を超えると予測されている。ドイツの目標は「２０３０年再エネ80％」である。

再エネ発電は、太陽光にしても風力にしても、国の政策や補助金の多寡、天候などによって大きく左右される。また、欧州の場合、送電線が国境を越えてつながっているので、電力の融通が利く。そのため、国ごとの割合を比較する意味はあまりない。

しかし、それでも、再エネ転換は脱炭素への王道だ。日本は島国だから、国内完結型でこれを進めていかねばならない。

●気候経済に対処しないと「失われる半世紀」に

繰り返し述べるが、これからの経済は「気候経済」である。地球温暖化対策に投資しなければ、発展もリターンもない。

つまり、「脱炭素」こそ、今世紀の経済・産業における最重要の競争領域である。

ところが、日本はこのことに対する危機感が薄い。そうでなければ、こんな法案をつくるはずがない。

私には、日本が自ら衰退を選び、自滅しようとしているように見える。いまだ脱炭素化はコストがかかりすぎる。やっても意味がないと言っている企業人がいる。

なぜ、この新しい経済、「気候経済」をチャンスと捉えないのだろうか。まだ、日本にはこれを勝ち抜く技術が残っている。

脱炭素化の遅れは、この先、日本をさらに「失われる40年」「失われる半世紀」に向かわせる。

このままでは、「地球温暖化」敗戦は必至だろう。

第6章　いつまで燃やすのか？　石炭火力

●「2050年カーボンニュートラル」正式表明

２０２０年12月25日のクリスマス。日本の新型コロナウイルスの感染者数が記録を更新している最中、経済産業省のサイトに、政府の新しい政策が発表された。

《経済産業省は、関係省庁と連携し、「２０５０年カーボンニュートラルに伴うグリーン成長戦略」を策定しました。この戦略は、菅政権が掲げる「２０５０年カーボンニュートラル」への挑戦を、「経済と環境の好循環」につなげるための産業政策です》

この発表に合わせて、事前にメディアに資料が配られたが、その概要は次の2点だった。

①大目標として２０５０年にＧＨＧ（温室効果ガス）を実質ゼロにすること（＝２０５０年カーボンニュートラル）を実現し、脱炭素社会づくりを強力に進めていく。そのために、あらゆる政策手段を使う。

②再生可能エネルギーや原子力、水素の普及拡大（＝グリーン化）を進め、ガソリン車から電気自動車への大転換を図る。そのために、「カーボンプライシング」などさまざまな手法を導入する。

つまり、化石燃料による発電とガソリン車をやめ、欧米のように、カーボンプライシングを導入し、「炭素税」と「排出量権引」などによって脱炭素政策を積極的に進めていく。そうして2050年カーボンニュートラルを実現させるというのである。

第5章で述べたように、カーボンプライシングとは、主に二つの手段（炭素税、排出量取引）により、排出削減や低炭素技術への投資を促進するというものだ。

カーボンプライシングでは、CO_2の排出量が多ければ多いほど課税されるので、企業は取引枠を買わざるをえなくなる。そのコストを減らすためには、脱炭素への投資に励むほかない。こうして、企業の脱炭素への取り組みが促進される。遅ればせながら日本も、カーボンプライシングによって脱炭素に本格的に乗り出す。それが、「2050年カーボンニュートラルにともなうグリーン成長戦略」の骨子だった。

●スピード感全開、わずか2カ月で宣言のなぜ？

自民党政権を支えているのは、日本の経済界である。その経済界は、ずっとカーボンプライシングの導入には反対してきた。そのため、2020年10月26日、国会の所信表明演説で、菅義偉首相（当時）が突然「2050年カーボンニュートラル」を宣言したときは、多くの経済人、自民党議員が驚いた。私のようなメディア側の人間も、「えっ、本当にやるのか？」と、一瞬、耳を疑った。「まだ準備ができていないではないか?」「早急過ぎないか?」という声が多かった。もちろん、逆に「遅すぎる」という声もあった。

菅前首相は、この年の9月、就任後すぐに行った国連スピーチ(ビデオ)で、柄にもなく「SDGs」という言葉を使い、環境問題に言及した。それからわずか1カ月、首相に就任して、わずか2カ月後の出来事だった。

新型コロナ対策では「スピード感ゼロ」だったのに、なぜ、地球温暖化対策では「スピード感全開」になったのか? 官房長官時代、環境問題にはほとんど興味を示さなかったのに、なぜ、態度をコロッと変えたのか?

その理由は、一つはアメリカにバイデン政権が誕生したからだろう。2021年1月に就任することになったバイデン次期大統領(当時)は、トランプ大統領(当時)が無視し続けた地球温暖化対策を優先課題とし、「グリーンニューディール」を進めると表明、「パリ協定」に復帰することも示唆《しさ》していた。

となると、アメリカの〝属国〟である以上、地球温暖化対策で〝周回遅れ〟ではすまなくなる。外務省と経済産業省、環境省などの省庁、そして首相周辺の国際派が、首相へ進言した。

さらに、日本の産業界のなかには、環境ビジネスを積極的に推進しようとしている人間たちがいた。

環境ビジネスは儲かる。なにしろ、政府が税金を注ぎ込んでくれる。そんな彼らのロビーイングもあった。環境ＮＧＯからの要望も増していた。

　この時点ですでに、「２０５０年カーボンニュートラル」は、欧州諸国を中心に世界の約１２０カ国が表明していた。２０３０年代半ばの「ガソリン車販売禁止」も、多くの国が賛同し、いわば国際世論になっていた。

　しかし、もっとも大きな理由は、中国に先を越されたからだろう。中国の習近平主席は、菅前首相が「ＳＤＧｓ」を口にした国連総会スピーチで、「２０３０年にカーボンピークアウト、２０６０年にカーボンニュートラルを目指す」と表明したのである。この中国の変身には世界中が驚いたが、もっとも驚いたのが日本政府ではなかったか。

　このような理由、つまり本筋ではない理由から行われたのが、「２０５０年カーボンニュートラル宣言」だった。となると、その後つくられた地球温暖化対策の法案に、「やる気」が感じられないのは当然かもしれない。

　第5章で述べたように、菅前政権を引き継いだ岸田政権が成立させた「ＧＸ推進法案」は、欧米諸国の脱炭素政策と比べると、まったくの「後ろ向き」である。

●3年連続で「化石賞」受賞という不名誉

　今日まで、日本が地球温暖化に対して「後ろ向き」と批判されてきた最大の理由は、石炭火力発電を温存し、その廃止を決めないことである。2023年5月の「G7広島サミット」でも、ほかの6カ国すべてから要求されたのに、ゴネて〝うやむや〟にしてしまった。

これまでの「COP」でも、「COP25」「COP26」「COP27」と3回連続で「化石賞」(Fossil Award) を受賞したにもかかわらず、日本はいままで1度たりとも「廃止」を口にしていない。

化石賞は、環境NGOの「CAN」(Climate Action Network：気候行動ネットワーク) が、COP開催中に脱炭素に後ろ向きで、世界の気候変動対策に対して足を引っ張った国に進呈してきた。「COP5」から始まり、COP開催中はほぼ毎日のように「本日の化石賞」(Fossil of the Day) が発表されてきた。半分は皮肉、ユーモアとはいえ、受賞が不名誉なことには変わりはない。

環境NGO「OCI」(Oil Change International：石油転換インターナショナル) によると、日本が2019〜2022年の平均で、化石燃料に対して投じた資金は年間約106億ドル (約1兆4000億円) に上るという。これは、G20諸国のなかで最大で、中国をも上回る。

化石賞は、過去に、オーストラリア、イギリス、ブラジルなども選ばれたことがあるが、「石炭火力温存」という理由で選ばれたのは先進国では日本ぐらいである。すでに、日本は経済低迷、国力衰退から先進国とは言えないが、こと地球温暖化対策の遅れ方では世界最先端をいっている。

では、現在の世界の石炭火力発電の状況は、どうなっているのだろうか? 日本の石炭使用は、批判を浴びるほどひどいものなのだろうか?

●石炭の消費量が圧倒的に多いのは中国

再エネ、再エネと繰り返し叫ばれているので、「石炭は一刻も早くやめるべき」と思いがちだが、世界の現実はまだそこまでいっていない。

現在、世界で使用されている電力の64％は化石燃料でつくられていて、石炭火力にかぎると37％である。途上国だけで見ると発電量の46％が石炭火力となっている。つまり、いまの世界の電力の約４割は、石炭火力なくしてつくれない。

ＩＥＡ（国際エネルギー機関）によると、世界中で削減努力が続いているにもかかわらず、２０４０年でも発電の22％は石炭火力に頼らなければならないという。結局、石炭は当分の間、発電の主役の一つであり続けることになる。

では、どこの国がそんなに石炭を燃やしているのか？

世界の石炭消費量を見ると、圧倒的に多いのは中国である。中国の消費量は年間20億５８１３万ｔ、２位はインドで４億７９８１万ｔ、３位はアメリカで２億５２５０万ｔとなっている。日本は４位で、１億１４５９万ｔである（ＢＰの統計、２０２１年）。中国の石炭火力発電が世界に占めるシェアは、なんと55％と５割を超えている。日本のシェアは３・１％である。

この数字だけ見ると、なぜ、日本がここまで批判されなければならないのかと思うが、問題は数字にあるのではなく、地球温暖化に対する取り組みにある。

ただ、ここで注目しなければならないのは、日本を含むアジア太平洋地域全体のシェアが世界の78％にも達していることだ。ここから中国の55％を引くと23％で、これは日本、インドと東南アジアのＡＳＥＡＮ諸国の数字である。

●現在、石炭火力の割合32％の日本の選択肢

現在、ＡＳＥＡＮ諸国とインドは世界のリージョンのなかでもっとも経済成長を遂げており、それを支えている電力は石炭由来なのである。したがって、石炭火力削減・廃止をめぐって、ＣＯＰでは毎回もめている。欧州諸国がいくら削減・廃止を訴えても、インド、インドネシア、フィリピンなどは「ＮＯ」（できない）だからだ。

［図表14］は、世界各国の火力発電の割合である。これを見れば、インド、インドネシア、フィリピンなどがなぜ「ＮＯ」なのかわかる。インド73％、インドネシア56％、フィリピン52％と、どこも5割以上を石炭

［図表 14］世界各国の石炭火力発電の割合

国	石炭火力の割合	今後の方針
イギリス	2％	そのまま
フランス	1％	そのまま
ドイツ	30％	2030 年廃止
アメリカ	24％	2035 年廃止
インド*	73％	
中国*	67％	COP で削減を表明
インドネシア*	56％	
フィリピン*	52％	
ベトナム*	47％	
日本	32％	そのまま

*は 2018 年、ほかは 2019 年のデータ

（出典・参照：資源エネルギー庁、NHK「サクサク経済」）

火力が占めていて、早急にやめることなどとうてい無理なのだ。削減するにしても、その穴を埋める再生エネルギー発電がなければ、成長経済は大きなダメージを受ける。

よって、いまのところ各国の事情に任せて削減していくほかない。ただし、それでは遅すぎる。２０５０年カーボンニュートラル達成などできっこないというのが、欧米先進国および環境ＮＧＯの主張だ。

石炭火力の一刻も早い廃止を主張する欧米諸国の状況を見ると、イギリスは原発を持っているうえ、大規模な洋上風力発電を普及させたので、石炭火力の割合はたったの２％である。フランスは原発でほとんどの電力をまかなっているため、わずか１％だ。ドイツは30％と日本の32％とほぼ同じだが、２０３０年には全廃することを表明している。

そこで、日本はどうするかだが、やはり削減・廃止以外の選択肢はないだろう。なぜなら、まがりなりにもまだ先進国を自認しているからだ。先進国なら、地球温暖化対策に徹底して取り組む責務がある。それともそんな責務を放棄して、東南アジア・インド側につくほうがいいのだろうか？

●主に三つの理由で石炭火力を続行中

なぜ、日本は「化石賞」をもらってまで、石炭火力を続けていこうとしているのだろう。経済産業省ではその理由を一文にまとめ、「日本にとって、安定供給と経済性にすぐれた石炭火力発電は一定程度の活用が必要です」（経済産業省「資源エネルギー庁」サイト）と述べている。

一定程度がどれくらいかが問題だが、「第６次エネルギー基本計画」（２０２１年10月策定、ＡＲ６）では、石炭火力の割合を現行の32％から２０３０年度に19％程度まで減少させると明記しているので、２割程度ということなのだろう。

しかし、これだと半減でもない。となると、今後も批判され続けるのは必至だ。

そこで、経済産業省のサイトから、日本が石炭火力を続ける具体的な理由を整理すると、次の３点になる。

①低価格なのでコスト、電気料金が抑えられる。

石炭はＬＮＧや石油に比べて低価格で価格変動がほとんどないのでコスパがいい。これはエネルギー自給率が低い日本にとっては最適で、電気料金も低く抑えられる。

②不安定な再エネに比べて安定的に発電できる。

風力は風、太陽光は天候まかせで不安定。それに比べて、石炭火力はいつでも安定的に発電が可能。

③日本にはCO_2削減の優れた技術がある。

これを活用してアンモニアや水素の混焼などの「クリーンコール」（ＣＣＴ）技術と、「ＣＣＳ」「ＣＣＵＳ」技術とを組み合わせれば、CO_2排出を大幅に抑えられる。

①と②はたしかにそうだが、これを理由として主張するには無理がある。なぜなら、この理由は、大筋でどこの国にも当てはまるからだ。そこで、③に諸外国を納得させる理由があるかどうかが、問題になる。

●完成された技術ではなく、中国も同レベル

③で示された「クリーンコール」（ＣＣＴ）技術というのは、英語では「clean coal technology」。石炭をクリーンに利用するため、燃やしたときに発生するCO_2や硫黄酸化物、窒素酸化物などの有害物質を減少させてしまおうというものだ。そのために、アンモニアや水素などをいっしょに燃やす。

次の「ＣＣＳ」「ＣＣＵＳ」技術というのは、発電所や工場などから排出されたCO_2を、ほかの気体から分離して集め、地中深くに埋めるというもの。「ＣＣＳ」とは、「Carbon dioxide Capture and Storage」の略で、CO_2の「回収・貯留」技術である。一方の「ＣＣＵＳ」は、「Carbon dioxide Capture, Utilization and Storage」の略で、「分離・貯留」したCO_2を利用して少しでもCO_2を削減しようという技術だ。

ただし、以上三つとも、開発途上でまだ完成していない。日本政府は、これらが脱炭素の切り札になるとしているが、それは完成してからの話で、いまのところなんとも言えないと専門家は言う。

したがって、ＩＰＣＣの「第6次評価報告書」では「発電部門のＣＣＳは未熟な技術である」と

指摘していて、現段階では脱炭素につながらないという見解である。

さらに、CO_2をできるだけ出さないという「クリーンコーラル」技術に関しては、日本の石炭火力発電がとくに優れてはいないという指摘がある。中国の最新の石炭火力発電所も同等のレベルに達しているというのだ。

私は科学技術の専門家ではないので、このことは判断できない。しかし、このようなすべてのことを総合して政治的に考えると、日本が石炭火力を温存する意味はないという結論に達する。

なぜなら、どんな理由づけをしようといずれ石炭は使えなくなるからだ。石炭火力ではCO_2を削減できても「ネットゼロ」は達成できない。また、この先、「国境炭素税」(carbon border tax)が導入されれば、その課税に対してコスト的に見合わなくなるからだ。

●地球温暖化対策の切り札となる「国境炭素税」

第5章で述べたように、すでに「炭素税」(carbon tax)は日本でも導入されている。ただ、炭素税と呼ばないだけで、排出されたCO_2に対しては課税されており、いずれその税率は諸外国並みに上がることになっている。しかし、それは国内だけの話で、課税できるのは国産品だけだ。

となると、輸入品のほうが国産品に比べて有利になってしまう。とくに、相手国が炭素税を実施していなかったり、実施していても低かったりした場合は、国産品は炭素税の分だけ不利になる。

そこで、考え出されたのが、「国境炭素調整措置」（ＣＢＡＭ：Carbon Border Adjustment Mechanism）というシステムで、輸出入する国同士で炭素税が公平になるように調整しようというのだ。それが「国境炭素税」である。

たとえば、Ａ国の炭素税がＣＯ$_2$排出１ｔにつき１０００円のとき、炭素税が３００円のＢ国からモノを輸入した場合、その差額となる７００円を、国境炭素税としてＡ国がＢ国のモノに課すということになる。このことを地球温暖化対策の文脈で言うと、地球温暖化対策が不十分な国からモノを輸入する場合、そのモノに対して税金を課せるということになる。つまり、国境炭素税とは、かたちをかえた「関税」である。

ただし、炭素税は導入されていても、まだ国境炭素税は導入されていない。反対の声が強いからだ。

しかし、ＥＵはすでに導入を決め、２０２３年10月から実施すること（本格実施は２０２６年）になっている。ドイツで労働・社会大臣、国防大臣などを歴任し、ＥＵ委員長になったフォン・デア・ライエンの看板政策「Fit for 55」の柱の一つだからだ。彼女は、国境炭素税が地球温暖化対策の〝切り札〟となると主張している。

アメリカも導入には基本的に賛成しており、「パリ協定」の合意を満たせない国からの輸入品に国境炭素税を課すことを表明している。

日本はまだ調整中である。というか、反対したいがそう言えないのでダンマリを決め込むしかない状況である。というのは、実施されたら、石炭をはじめとする化石燃料発電を温存しているので、窮地に追い込まれるからだ。

●なぜ日本は窮地に追い込まれるのか?

国境炭素税が導入された場合の日本について、踏み込んで考えてみよう。

まず、炭素税の税率はどうやって決めるのだろうか? それは、「LCA」(Life Cycle Assessment:ライフサイクル・アセスメント)による評価である。LCAとは、製品やサービスにおける、原料の調達から製造、流通、使用に加えて、廃棄、リサイクルにいたるまでの「ライフサイクル」の全体をとおして、環境への負荷を定量的に算出するための手法だ。地球温暖化に関しては、英語で表現される概念がいっぱいあり、日本人は混乱してしまうが、LCAは極めて大事だ。

よく言われる温暖化用語に「カーボンフットプリント」(CFP:Carbon Footprint of Product)があるが、これは製品やサービスにおける原材の調達から、製造、流通、使用、廃棄、リサイクルなどのプロセス全体をとおして排出されるGHGをCO_2に換算すること。つまり、LCAという手法によって算定されたものがCFPであり、その数値(CFP値)は、すでに多くの製品に表示されている。

では、このような概念を理解して、国境炭素税をBEV(バッテリー電気自動車)に関して考えてみよう。

BEVはそれ自体ではCO_2を排出しない。しかし、それを動かす電池はその生産過程でCO_2

を排出している。また、電力が化石燃料による発電の場合、CO_2は排出されている。つまり、LCAの手法でCFP値を出せば、BEVといえどもZEV（ゼロエミッション車）とは言えないことになる。つまり、そのようなBEVには炭素税が課税される。

では、日本でつくったBEVをフランスに輸出する場合を考えてみよう。この場合、日本の電力に占める石炭火力の割合32％、フランスの割合1％が問題になる。当然、日本の電力のほうがCO_2排出量が多いので、その差に基づく国境炭素税が課税されることになる。

つまり、EUが導入を決めた国境炭素税は、日本から輸出する日本車を窮地に陥《おとしい》れることになる。これはBEVだろうとガソリン車だろうと同じだ。国境炭素税は、日本の自動車メーカーの生産コストを直撃する。国内生産が割に合わなくなる。

かつてEUが国境炭素税導入を検討していると伝えられたとき、トヨタの豊田章男社長（当時）は、「このままでは日本は自動車を輸出できなくなる」と訴えた。

ここから得られる教訓は、いくら安価で安定的だといっても、「気候経済」においては石炭火力はまったく見合わないということだ。

●WTOも自由貿易の原則に反すると反対

ドイツは国境炭素税の提唱国であるだけに、ドイツの自動車メーカーの動きは早い。フォルクスワーゲン（VW）は国境炭素税の導入がEU議会で検討された時点で、スウェーデンに電池工場を建設した。スウェーデンの電源は水力が40％、原子力が40％で化石燃料はわずか1％だからだ。

しかし、VWは例外として、世界の多くの自動車メーカーが国境炭素税には反対している。自動車メーカーにかぎらず、ほとんどの製造業が反対している。すでにサプライチェーンを含めたライフサイクル全体でCO_2削減に成功したところ以外は、国境炭素税は大きなコストになるからだ。ただし、その反対はポーズに過ぎない可能性がある。というのは、一部の自動車メーカーやバッテリーメーカーは、消費国に工場を移す動きを加速させているからだ。

国境炭素税というのは、一見すると、理論的な矛盾はなく、環境対策に熱心でない国に対価を払わせる適切な手法のように見える。しかし、実際に実施になると、反対の声が強まるだろう。

国で見れば、まず中国は猛烈に反対する。それに、インドやASEAN諸国も同調する。じつは、WTO（世界貿易機関）も、現時点では反対の立場を取っている。なぜなら、国境炭素税は一種の関税であり、自由貿易の原則に反するからだ。

ただし、国境炭素税というのは、WTOをとおして世界各国が協調する必要がない税である。反対しても無意味な税である。というのは、もしEUが課税したら、アメリカも日本も同じ税率で課税しないと不利になるので、自動的に課税せざるをえなくなるからだ。

たとえば、ドイツが日本車に10％の炭素税をかけるとしたら、その際、日本国内でも10％を課税してしまえば、国境炭素税はかからなくなる。同じ税なら外国に課税されるより国内で課税するほうがいいに決まっている。

しかし、ここまでくると、課税の報復合戦になってしまうので、国際間の調整が必要だろう。

●CO_2削減とカーボンニュートラルは別物

石炭火力の問題を突き詰めていくと、このように、国境炭素税に突き当たる。もちろん、ライフサイクルのすべてにおいて技術革新が進み、CO_2が「ネットゼロ」になるのが理想である。

しかし、地球温暖化のスピードは技術革新のスピードを上回っている。水素発電、核融合発電、宇宙太陽光発電などのほか、前述したCCS、CCUSなどの技術の完成・実用化はまだ先の話である。

ただ、カーボンニュートラルに関して多くの人が勘違いしていることがあるので、第6章の最後に、これにふれておきたい。それは、CO_2は削減すればいいということではないこと。CO_2の削減とカーボンニュートラルは別物だということだ。

なぜなら、ゴールがまったく違うからである。地球温暖化対策が目指しているのは、カーボンニュートラルであって、単にCO_2を削減することではない。カーボンニュートラルとは「GHGの排出量を森林などによる吸収量やCO_2回収技術などによる回収量と差し引きでゼロにする」（＝正味ゼロ）という意味で、「ネットゼロ」とは厳密に言うと違うが、CO_2をゼロにするという意味では同じだ。つまり、削減ではなくゼロである。

したがって、発電にしてもクルマにしても、CO_2を削減して低炭素にすればいいのではない。「2050年カーボンニュートラル」は、2050年までにCO_2を削減していくということではなく、ゼロにするということなのである。そのためになにをするかが、いま問われている。

第7章　大丈夫かトヨタ、「EV敗戦」濃厚

●いまや中国は世界一の自動車市場

かつて世界には「三大モーターショー」と呼ばれる自動車の新車モデルのお披露目を中心とした一大イベントがあった。このイベントに合わせて、世界の自動車メーカーは開発を急ぎ、プレゼン、プロモーションに力を入れてきた。

その三大モーターショーとは、ドイツの「フランクフルト・モーターショー」(奇数年)と「ハノーバー・モーターショー」(偶数年)、デトロイトの「北米国際オートショー」(毎年)、日本の「東京モーターショー」(毎年)だった。

しかし、時代は変わった。いまや、フランクフルト&ハノーバー、デトロイト、東京は輝きを失い、中国のモーターショー、「北京国際モーターショー」と「上海国際モーターショー」(北京、上海と交互に開催)および「広州モーターショー」(毎年)のほうが、はるかに盛況になった。

その理由は、中国が世界一の自動車市場になったからだ。中国の自動車市場の規模は、すでに第2位のアメリカ市場のほぼ倍に達している。したがって、中国市場で売れるか売れないかが、自動車メーカーの雌雄を決することになった。

しかし、もう一つ、大きな理由がある。それはいま、自動車が従来の「ガソリン車」(Gasoline Vehicle)から「EV」(Electric Vehicle：電気自動車)、に大きくシフトチェンジすることになり、その最重要の舞台が中国だからである。つまり、地球温暖化が自動車産業の地図まで塗り替えつつあるのだ。*

このような状況のなかで、2023年の上海国際モーターショーは、4月18日から27日まで10日間にわたって開かれた。この期間中、世界中から大勢の関係者、自動車ファンが訪れ、会場は毎日人があふれる大盛況となった。中国では、前年までゼロコロナ政策を取っていたので、ほとんどのイベントは中止されていた。したがって、2023年の上海国際モーターショーは、中国国内はもとより、世界中の関係者が待ちに待ったものだった。

そんななかで、もっとも注目されたのが、やはりEVの新車モデルだった。

●EVでは日本勢はBYDにかなわない

会場を取材して帰国した知人のモータージャーナリストは、私にこう語った。

「予想どおり、完全にEV一色でしたね。まさに世界のEVのお披露目会といった雰囲気でしたが、そのなかでも中国EVが断然の人気を集めていました。日本もトヨタが2車種、ホンダが3車種などといった具合で、EVの新車を出していましたが、人はそれほど集まっていませんでした」

中国EVのなかでのいちばんの人気は、やはり「BYD」(比亜迪：ビーヤーディ、BYDは「Build Your Dream」の略)だったという。BYDは昨年から若者向けの低価格

[*ここでいう「EV」は「BEV」(Battery Electric Vehicle：バッテリー電気自動車)のことです。この後、二つの表記が混在します]

車に力を入れてきたので、これが人気に拍車をかけたという。

もちろん、中国のほかのＥＶも人気で、「ＮＩＯ」（蔚来《ウェイライ》）、「Xpeng」（小鵬《シャオペン》）、「ＧＷ」（長城《チャンチェン》）、「Li」（理想《リーシャン》）、「Geely」（吉利《ディリィー》）、「Chery」（奇瑞《シールイ》）などのブースは、どこも人でごった返していたという。

彼は、２０２２年12月のバンコクの「タイモーターエクスポ」にも取材に出かけており、そこでＢＹＤの大攻勢を見て、「これは日本勢、相当まずいですね」と、私に伝えてきた。タイは新車販売台数のランキングは、トップ5までみな日本車で、そのシェアは9割を超えている。まさに日本車の「金城湯池《きんじょうとうち》」で、ダントツのトップはトヨタである。

ところが、そのトヨタと同じスペースでＢＹＤがブースをつくり、トヨタ以上の客を集めていたのを見て、彼は驚いたというのだ。ＢＹＤは、２０２３年1月から日本でも販売を始め、アジア全域で攻勢をかける戦略に出た。

「タイもいずれＥＶになりますね。政府が昨年から振興策を充実させていますから、日本勢もＥＶ転換を急がないと本当にやられてしまうと思いますね」

今後、ＥＶが世界でどれだけ伸びていくのかはわからない。市場（消費者）次第だからだ。しかし、地球温暖化対策としてクルマの電動化が打ち出され、米欧中で「ＥＶ一本化」の流れがつくられている。これは、極めて政治的なものだが、そうなった以上、このままＥＶ市場が拡大していくと考えるのが自然だろう。

ところが、この流れに日本勢だけが乗っていない。トヨタは社長が交代したにもかかわらず、全方位戦略を捨てていない。２０２３年４月に就任した佐藤恒治社長は、ＢＥＶに関して「２０２６年までに新たに10モデル年間１５０万台」という販売目標を掲げたものの、「トヨタはマルチパスウェー（全方位）でやっていく」と明言した。

それは、「ＥＶ」（ＢＥＶ）もやる。「ＨＥＶ」（Hybrid Electric Vehicle：ハイブリッド車）も「ＰＨＥＶ」（Plug in Hybrid Electric Vehicle：プラグイン・ハイブリット車）もやる。「ＦＣＶ」（Fuel Cell Electric Vehicle：燃料電池車）も従来のガソリン車もやるというものだ。

●日本勢はいずれも新車販売で前年割れ

話を上海国際モーターショーに戻すと、今回は日本からはトヨタ、日産、ホンダ、韓国からは現代自動車、ドイツからはフォルクスワーゲン（ＶＷ）、ＢＭＷ、ベンツなど、世界中から約１０００社が参加し、最新のＥＶモデルを披露した（ただ、テスラは不参加）。

そこで、その状況を伝える時事通信の記事『中国、ＥＶ「主戦場」に日本勢は正念場　上海モーターショー』（４月19日配信）の一部を次に引用したい。

《ＥＶの巻き返しに動く日本勢だが、中国のＥＶ市場には米テスラとＢＹＤの「２強」が立ちはだかる》

《もっとも、日本勢の苦戦は鮮明だ。3月の中国新車販売台数は全体で前年同月比9・7％増だったものの、日系大手3社はいずれも前年実績を下回った。政府がNEV（新エネルギー車）普及を国策として推し進める中、EV投入が遅れたことが最大の理由だ。天津に進出した日系部品メーカーに撤退の動きが出始めるなど、「中国市場で日本勢が巻き返せるかは分からない」（商社関係者）との声も出ている》

《一方、中国EV大手のBYDはスポーツカータイプの新車種を公表。会場に報道陣があふれるほどの注目を集めた。中国メーカーは技術力の向上を背景に海外展開を加速させており、日米欧メーカーとの競争激化は必至だ》

●中国独特のクルマのカテゴリー分け

中国でEVが急成長したのは、政府が補助金政策によって、強力に販売をサポートしてきたからだ。補助金政策は早く一部は2009年から開始され、2022年いっぱいで終了したが、インフラ整備が進んだこともあり、EV市場の伸びは衰えていない。

2023年1月、中国自動車工業協会は、2023年の中国の新車販売台数を前年より3％増の2760万台、そのうちEVを含むNEVを900万台（約30％）と予想した。しかし、上海国際モーターショーの盛況で、アナリストたちは「予想を確実に上回るだろう」と言うようになった。

中国の自動車のカテゴリーは、欧米、日本とは違っている。中国政府は、長く悩まされてきた排気ガスによる大気汚染を緩和させるため、独特の「新エネルギー車」（新能源車《シンネンユアンチェ》）というカテゴリーを設けた。

これが「ＮＥＶ」（New Energy Vehicle）である。ＮＥＶには、ＢＥＶ、ＰＨＥＶ、ＦＣＶが含まれるが、ＨＥＶは、「省エネルギー車」という別のカテゴリーにして区別され、ＮＥＶから除外されている。日本勢がもっとも得意とするＨＥＶの将来は暗いのだ。すでに、トヨタのＨＥＶは、中国市場で販売台数を落としている。

●値下げ競走に突入したテスラとＢＹＤ

中国は、この独特なカテゴリー分けによってＢＥＶを促進し、日米欧に勝てる自動車産業をつくろうとしてきた。

ガソリンエンジンという「内燃機関」（ＩＣＥ：internal combustion engine、インターナル・コンバッション・エンジン）では、長い伝統を持つ日米欧に勝てないから、モジュール生産が可能なＢＥＶに的を絞ったのである。この政策（「油改电《ユーシーディエン》」と呼ぶ：油から電気へという意味）が、実を結びつつある。

中国政府は、補助金以外にもＢＥＶにインセンティブを与えた。それは、ナンバープレートの交付を優先的に早くすること、走行規制を緩やかにすることなどだ。これに加えて、地方政府も補助金を出したため、中国のBEV市場は拡大の一途となった。

2022年の中国の自動車市場におけるBEVだけの出荷台数ランキングを見ると、シェア上位5社のうち4社が中国のメーカーである。1位はBYDで出荷台数が91万1000台、2位が唯一の外国メーカーであるテスラで71万台である。

そして、2022年からこの2社は、値下げ競争に入り、大幅に販売価格を引き下げた。中国のほかのメーカーも追随《ついずい》した。これは前年で補助金制度が打ち切られたための措置だったが、BEVの販売を加速させた。

テスラは、2023年2月から数度の値下げを行い、セダンの「モデル3」とSUVの「モデルY」の販売価格を、「モデル3」は11%、「モデルY」は20%引き下げた。

イーロン・マスクCEOは、「(今後)価格を2万5000ドル以下に抑えられる」と述べているので、中国で始まった値下げ競争は世界中に波及していくことになった。

テスラはメキシコ北部のモンテレイに建設中の新工場で、低価格BEVを生産するという。2万5000ドルというのは、日本円にすると約350万円である。

「7万8800元(約150万円)という価格を聞いたとき、耳を疑いましたね。BYDの記者会見で発表された新BEVの価格です」

というのは、前出のモータージャーナリスト。

この激安価格の新ＢＥＶは、小型車の「海鴎《ハイオウ》」（カモメ、英語名「シーガル」）で、４人乗りハッチバック型。全長は３７８０㎜と小型ながら、航続距離は３０５㎞を確保するという。

いくら小型車とはいえ、日本円で約１５０万円では、どんなメーカーのＢＥＶも価格では勝ち目はない。日本勢のＢＥＶで低価格を実現しているのは、日産の「サクラ」（２５４万８７００円〜）と三菱の「ｅＫクロスＥＶ」（２５４万６５００円〜）で、いずれも日本独特のカテゴリーである「軽自動車」である。１００万円台となると２人乗りのトヨタ「Ｃ＋ｐｏｄ」（１６５万円〜）がある程度だ。しかし、中国には〝激安ＥＶ〟として大ヒットした五菱《ウーリン》「宏光《ホングワン》ミニＥＶ」（４人乗り）があり、その価格はなんと日本円で65万円だ。

ちなみに、２０２２年に発売されたトヨタのＢＥＶ「ｂＺ４Ｘ」は最低価格が６００万円である。

ＢＹＤの広報は、「海鴎」の価格について、「私たちの潜在顧客の若い世代がターゲット。ＥＶによる新たな体験を若年層にも届けたい」と会見で述べたという。

●小さな町工場から出発したベンチャー

日本の自動車関係者は、長い間、中国の自動車産業を小馬鹿にし、「中国がわれわれに追いつけるわけがない」と言ってきた。中国のものづくりはすべて「パクリ」から始まっていたので、そう思うのは当然だった。

しかし、中国の全産業は、改革開放後のここ数十年、激しい競争のなかを生き抜いてきた。自動車産業にしても、どれほどのベンチャーが立ち上がり、途中で消えていったかわからない。

残念ながら、日本にはこれがなかった。日本は既存産業を守り続けるだけだった。政府は補助金をバラまくが、未来を切り開く新産業への投資を惜しんできた。政府の産業への投資は、もっぱら既存産業を守ることだけに使われた。これでは、まったくもって、どちらが資本主義自由経済をやっているのかわからない。

BYDは、もとから車メーカーだったわけではない。始まりは、1995年2月、広東省《グァンドン》深圳《シンチェン》市の従業員約20人の小さな町工場で、当初は電池や携帯電話の部品をつくっていた。クルマの生産を開始したのは2003年で、最初はガソリン車をつくり、2009年に政府のNEVへの補助金政策が始まったのと同時にBEVの生産・販売を始めた。

つまり、わずか十数年で中国で第1位、世界ではテスラに次いで第2位のBEVメーカーになったのである。BYDのBEVがヒットしたのは、2013年に発売した富裕層向けのセダン「秦《シン》」で、ここから「王朝シリーズ」というブランドが始まった。新車種には中国の歴代王朝の名前がつけられ、これまでにSUVの「唐《タン》」「元《ユアン》」、MPV（多目的車）の「宋《ソン》」、セダンの「漢《ハン》」などが発売されている。

上海国際モーターショーで披露された激安価格の小型BEVは、若者向けブランドとしてつくられた「海洋」シリーズ。このシリーズで2022年に発売されたセダン「海豹《ハイバァ》」（アザラシ）は大ヒットした。ＢＹＤは、この二つのブランドのほかに、「騰勢《テンシー》」「仰望《ヤンワン》」という二つのハイエンドブランドを持ち、計四つのブランドで販売を拡張している。

●EV販売世界トップ10に中国メーカー5社

いまや、ＥＶ分野でのＢＹＤをはじめとする中国勢の進撃は止められない。いまだに、「中国のＥＶなど日本メーカーが本気を出せば追いつける」と言う人間がいるが、その技術力はバカにできないと専門家は言う。

日本経済新聞の記事『中国ＥＶ特許、ＢＹＤ独走』（２０２２年11月８日）によると、ＢＹＤのＥＶ関連特許は中国ばかりか世界中で出願・認可されており、あらゆる自動車メーカーから注目されているという。しかも、ＢＹＤの特許をもっとも引用しているのはトヨタで１０３件。テスラの特許引用１４６件に迫る規模だという。

ＢＹＤは、２０２３年半ばに欧州主要国で新型ＢＥＶを発売することを発表し、２０２２年10月17日、「パリ国際モーターショー」では新型ＢＥＶ３車種を公開した。このパリのモーターショーを見に行った私の知人は、「ＢＹＤはすごいよ」と、じつに素直に私に語った。

すでに、ＢＹＤは世界14カ国で販売されており、１００万台近くを売り上げている。２０２２年、ノルウェーに投入された王朝シリーズのＳＵＶ「唐」の現地での評判は上々だ。ノルウェーは、世界一BEVが普及した自動車市場で、新車販売台数に占めるBEVの比率は75％に達している。

ノルウェー政府は、ガソリン車に課す取得税や付加価値税（VAT）を、BEVに対してはゼロにしてしまった。その結果、相対的にガソリン車よりBEVの価格が安くなり、販売台数が急拡大した。

首都オスロでは、もはやガソリン車はほぼ見かけない。走っているのはBEVとPHEVだけである。街中のいたるところに充電ステーションがある。

イギリスの自動車産業調査会社「MarkLines」（マークラインズ）のデータを見ると、2022年のEV販売トップ10に、なんと中国メーカーは5社も

［図表15］BEV販売台数ランキング（2022年）

順位	メーカー	シェア（%）	販売台数（万台）
1	テスラ（アメリカ）	17.5	126.8
2	比亜迪（BYD、中国）	12.0	86.8
3	ゼネラル・モーターズグループ（GM、アメリカ）	9.7	70.4
4	フォルクスワーゲングループ（VW、ドイツ）	7.8	56.3
5	浙江吉利控股集団（中国）	5.0	36.1
6	現代・起亜グループ（韓国）	4.7	34.5
7	日産・三菱（日本）・ルノー（フランス）	3.9	28.3
8	広州汽車集団（中国）	3.7	27.1
9	ステランティス（欧米）	3.5	25.1
10	上海汽車団（中国）	3.1	22.6
⋮			
26	ホンダ（日本）	0.4	2.7
27	トヨタグループ（日本）	0.3	2.0
29	マツダ（日本）	0.1	0.7
31	SUBARU（日本）	0.0	0.2

（出典・参照：MarkLines（マークラインズ））

ランクインしている。いくら中国が巨大市場とはいえ、日本メーカーが日産以外ランクインしていないのは、本当に情けない。

ホンダが26位でシェア０・４％、トヨタが27位でシェア０・３％となっている。取るに足らない数字だ（図表15）。

●日本と比べものにならないドイツの危機感

中国ＢＥＶの急拡大に危機感を深めているのは、日本よりドイツである。日本勢は、トヨタのようにＰＨＥＶ、ＨＥＶで圧倒的な優位に立っているだけに、まだ市場を〝様子見〟といった感じが強い。

しかし、ドイツとなると、そうはいかない。

ディーゼルで失敗し、ハイブリッドで日本勢に勝てないとみてＢＥＶ1本に絞ってゲームチェンジを図ったのに、いざ始めたら中国がリードでは、ドイツ車には未来がなくなってしまう。そのため、上海国際モーターショーに、ドイツの自動車メーカーは大勢の社員を送り込んで、プロモーションに努めた。ＶＷは、取締役会メンバー全員に加えて従業員１００人余りを送った。

このドイツの危機感は、ロイター記事『ドイツ車、中国市場で劣勢 ＥＶが変えた業界勢力図』（4月19日配信、上海／ベルリン）に表れている。次に、その記事のポイント部分を引用する。

《ドイツメーカーは乗用車販売の3分の1を中国に依存しており、ここで敗北した場合の打撃は最も大きい。独BMWのオリバー・ツィプセ最高経営責任者（CEO）は記者会見で「われわれの車は機能の多くが中国に触発されたものだ」とし、中国市場は世界の潮流の先を行っていると述べた》

《ロイターが中国汽車工業協会（CAAM）の販売統計をもとに計算したところ、中国EV市場におけるアウディ、BMW、VW、メルセデス・ベンツのドイツメーカー4社の合計シェアは2022年が4・8％で、20年の2・2％から拡大した。しかし、4ブランドのEV販売を全て合わせてもBYDの4分の1にすぎない》

《コンサルタント会社カーニーのパートナー、トーマス・ルク氏は「中国市場はドイツメーカーにとって、もう以前のように安定してはいない」と言う。「より速くなるだけでは追いつけない。企業文化を変えるべきだ」》

●足元の欧州市場も失いかねないドイツ

ドイツの危機感は、中国市場だけではない。足元の欧州市場も中国BEVの攻勢の前に失いかねない状況になっている。BYDは2023年後半には、BEVの新車を欧州市場に本格投入することを表明している。ほかの中国BEVメーカーも参戦を表明、あるいはすでに参戦している。

中国の強みは、価格はもちろん、バッテリーで断然のシェアを持っていることだ。バッテリーメーカーはＢＥＶメーカーとともに欧州に進出し、そこでバッテリーを供給する体制を固めている。たとえば、最大手の「ＣＡＴＬ」（寧徳時代新能源科技《ニンダー》）は、ハンガリーのデブレツェンに欧州で２番目となる車載バッテリー工場の建設を始めた。バッテリーとＢＥＶの両方で攻勢をかけられたら、ドイツメーカーは、現状では手も足も出ない。

ロイター記事は次のようなことも書いていた。

《ある消息筋によると、中国のＥＶブランドは価格を引き下げることができるにもかかわらず、中国メーカーによる市場支配を懸念する欧州の政策当局者を動揺させないため、今のところ価格を高く設定しているという》

《ＢＹＤは今週、航続距離３００㎞を超えるＥＶ「シーガル」を発売。最低価格はわずか１万１０００ドルと、欧州の多くのエントリークラスの内燃機関車よりも安い。ＢＹＤは今年後半に新たな新型ＥＶ「シール」と「ドルフィン」を欧州市場に投入する予定だ》

このドイツの危機感をなぜ日本が持たないか、不思議である。中国ＢＥＶだけではない。テスラも今後さらに攻勢を強めてくる。テスラは「モデルＹ」でトヨタの「カローラ」を抜くことを目標としていると聞く。そのための低価格ＢＥＶの製造で、その価格は２万５０００ドル以下ということなのである。

●もはやテスラ、BYDにかなわない

トヨタは、なぜかいまも水素にこだわり、FCVの普及に注力している。日本政府の政策も、水素の技術開発に期待する姿勢を見せ続けている。

しかし、イーロン・マスクは、当初からFCVに否定的だった。そのため、「fuel cells（燃料電池）はfool cells（バカ電池）だ」という発言を繰り返してきた。

その発言を、豊田章男社長（当時）は許せなかったのだろうか、一時、EV化に対処するためにテスラと提携していたというのに、2016年末にその提携をあっさりと解消、トヨタはテスラと完全に手を切った。

ところが、その後、テスラの販売台数は年を追うごとに伸び続け、2022年には131万台に達した。これは前年比40％増で、2023年は

	目標年度	目標	FCV	FV	PHEV	HEV	ICE
日本	2030	HV：30~40% EV・PHV：20~30% FCV：~3%	~3%	20~30%		30~40%	30~50%
	2035	電気自動（EV/PHV/FCV/HV）100%	100%				対象外
EU	2035	EV・FCV：100% （注）欧州委員会	100%		対象外		
アメリカ	2030	EV・PHV・FCV：50%	50%			50%	
中国	2025	EV・PHV・FCV：20%	20%				
	2035	HEV：50% EV・PHV・FCV：20% （注）自動車エンジニア学会発表	50%			50%	対象外
イギリス	2030	ガソリン車：販売禁止 EV：50~70%		50~70%			対象外
	2035	EV・FCV：100%	100%		対象外		
フランス	2040	内燃機関車：販売禁止	100%		対象外		
ドイツ	2030	EV：ストック1500万台		ストック1500万			

［図表16］世界各国の自動車電動化ロードマップ
（出典：経済産業省・資源エネルギー庁のサイト『自動車の脱炭素のいま』）

50％増で２００万台以上になると予想されている。

もし、このままテスラが毎年50％増を続ければ、２０２５年には３５０万台に達することになる。この３５０万台という数字は、トヨタが「新ＥＶ戦略」で掲げている２０３０年の目標販売台数と同じだ。テスラが２０２５年でやろうとしていることを、トヨタは２０３０年でやると言っている。この差は大きすぎる。

ＢＥＶでテスラに次ぐメーカーとなったＢＹＤも、この先、同じように販売台数を伸ばしていくと予測されている。

中国には、２０２０年に中国自動車工程学会が作成した「ＮＥＶのロードマップ」がある。それによると、国内の新車販売に占める内燃機関車（ガソリン車＋ディーゼル車）の比率は、２０２５年に40％、２０３０年に15％、２０３５年に０％としている。このロードマップどおりにいくと、２０３０年にはＢＥＶが少なくとも市場の過半を占めることになる。

［図表16］は、世界各国がどのように自動車を電動化していくのか、そのロードマップをまとめたものだ。各国とも、だいたい目指すゴールは同じだ。しかし、それをＢＥＶに絞ってやっていくのか、日本のように、「各電動車の長所・短所も踏まえ、特定の技術に限定することなく、あらゆる技術の選択肢を追求する」（経済産業省のサイトより）ことでやっていくのかで、大きく異なる。日本の目標は、「２０３５年までに、乗用車新車販売で電動車（ＢＥＶ、ＢＨＶ、ＰＨＥＶ、ＦＣＶ）１００％」である。

●2026年10モデル150万台は可能なのか?

トヨタが、BEV開発に本腰を入れるようになったのは、おそらく2020年ごろと推測される。しかし、そのやり方は可能なかぎり既存のプラットフォームを生かし、なおかつPHEVと並存させていくというものだった。

そうして昨年、トヨタ初の量産BEVとして発売したのが「bZ4X」だった。ところが、「bZ4X」は欠陥車で、発売後すぐにリコールされた。そして、3カ月後に発売を再開するところまでこぎ着けたが、セールスは低空飛行を続けている。

そのため、トヨタは、2021年12月に発表した「2030年に30車種のEVを展開」という計画を見直すことになり、社長交代発表とともに、「2030年までにEV350万台販売」という新たな目標を掲げたのである。

前記したように、この目標はテスラにはるかに及ばないが、それですら、現状を考えると難しいのではないかと思える。

というのは、「bZ4X」で失敗したことで、BEVの生産をプラットフォーム（車台）そのものから見直すことになったからだ。

トヨタはこれまで、「TNGA」というプラットフォームで従来のクルマをつくってきた。「TNGA」とは、「Toyota New Global Architecture」の略で、4代目「プリウス」から採用された最新プラットフォームおよび車両開発のコンセプトである。トヨタはＢＥＶを生産するにあたって、この「ＴＮＧＡ」をＢＥＶ仕様にした「ｅ－ＴＮＧＡ」をつくった。しかし、「ｂＺ４Ｘ」で不具合が生じたため、ＢＥＶにはＢＥＶ専用のプラットフォームをつくることになったのである。

となると、ＢＥＶに関してはほぼゼロからのリスタートとなる。はたして、これで「２０２６年10モデル１５０万台」が可能だろうか？

また、後述するが、もう一つトヨタがＢＥＶで抱える大問題がある。トヨタは次世代の車載ＯＳを開発中だが、この開発が進んでいないことだ。

●「イノベーションのジレンマ」に陥った

トヨタのトップ豊田章男氏（現会長）のこれまでのインタビュー記事、トヨタの広報資料などを見てくると、２０２２年の秋までトヨタは以下のように考えていたと思える。

《いくらＥＶを普及させたとしても、発電部門そのものが脱炭素化されないかぎり、サプライチェーン全体で見た脱炭素化は実現しない。発電部門を考慮せず、ＥＶの比率だけを高めても意味がない。ならば、トヨタはＰＨＥＶで圧倒的にリードしているのだから、その燃費を極限まで高めて、ＥＶとは違った進化で脱炭素を目指そう》

この考え方は、世界一の自動車販売台数を誇るトヨタにとっても、現状の世界の自動車市場を見ても、極めて妥当なものだろう。どこも間違っていない。しかし、時代の流れを見誤っているように、私には思える。

「イノベーションのジレンマ」という大企業が新興企業の前に力を失う理由を説明した理論があるが、トヨタの考えは、まさにこのジレンマに陥ってしまったと言えるからだ。

デジタルカメラがやがてフィルムカメラを駆逐してしまったようなことは、常に起こる。

すでに、自動車市場は「イノベーター理論」(Diffusion of innovations)を適用できる一歩手前まで来ている。

イノベーター理論とは、スタンフォード大学の社会学者エベレット・M・ロジャース教授が提唱したものだが、今日までのデジタル社会の進展を見ると、ことごとく当たっている。

イノベーター理論は、消費者を五つの階層に分類し、

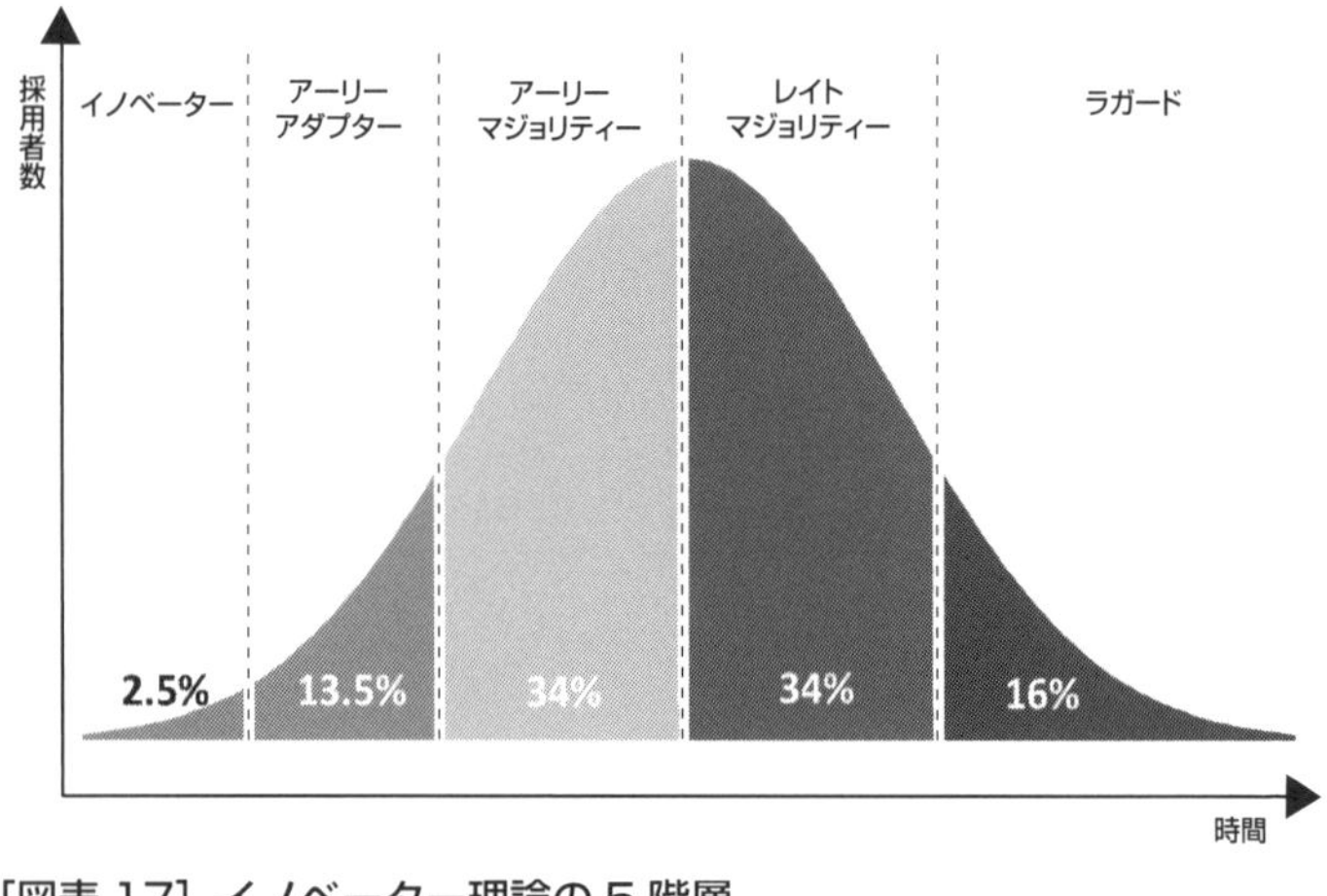

[図表 17] イノベーター理論の5階層

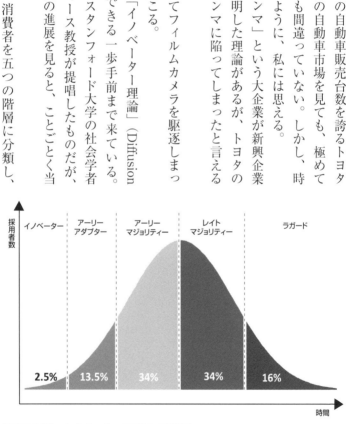

新商品のシェアがどのように拡大していくかを分析・理論化している。

その階層とは、①イノベーター（Innovators：革新層）、②アーリーアダプター（Early Adopters：初期採用層）、③アーリーマジョリティ（前期多数派：Early Majority）、④レイトマジョリティ（後期多数派：Late Majority）、⑤ラガード（Laggards：遅滞層）である。

［図表17］がイノベーター理論のグラフだ。時間の経過とともに、どの層が新商品を購入していくのかを表している。

グラフを見ればわかるように、イノベーター理論では、新商品のシェアがイノベーターとアーリーアダプターを合わせて16％に達すると、新商品の普及率が爆発的に上昇する。この視点でＢＥＶを見れば、16％まであと5ポイントほどとだから、２０２５年には間違いなく、自動車市場に占めるＢＥＶのシェアはこの転換点に到達するだろう。

以後、ＢＥＶの市場規模が急拡大するわけだが、となると、日本勢はまったく追いつけないのではないだろうか？

●トヨタにはソフトをつくれる人材がいない

豊富な資金と高度な技術を持ったトヨタだから、ＢＥＶの遅れを取り戻すことは可能だという見方がある。しかし、後発者がほぼゼロから、すでに市場をつくってしまった先発者を捉えることは、これまでほとんど例がない。

しかも、BEVはクルマとはいえ、電子機器である。ガソリン車とはまったく違うものと考えなければならない。スマホは電話が進化したのではなく、コンピュータが電話機能を持って小型化したものである。これと同じで、BEVは従来のクルマの概念で捉えるべきではない。

クルマの電動化によって訪れたシフトチェンジは、近年、「CASE《ケース》」と言われるようになった。「C」は「Connectivity」で接続化、「A」は「Autonomous」で自動化、「S」は「Shared & Service」で「シェア化&サービス化」、「E」は「Electric」で電動化。

インターネット、AI、5G、クラウド、IoTなど、さまざまなテクノロジーの進展のなかで、クルマは「CASE」の方向で進展を遂げていかねばならないというのだ。

となると、BEVは従来のクルマのように単体で存在している〝走るマシン〟ではなく、常時ネットに接続された〝電脳マシン〟である。つまり、ハードよりソフトのほうが重要であり、ソフトウェアの開発が鍵を握ることになる。そして、その中枢を担うのがOSである。

しかし、従来の自動車メーカーは、こうしたソフト開発が苦手である。トヨタはソフト開発がとくに弱い、苦手だと指摘する専門家がいる。

「トヨタは4年おきのモデルチェンジというサイクルでクルマをつくってきました。このサイクルはBEVには適しません。ソフトは常に開発・更新し続けていかねばなりません。ところが、トヨタにはソフトをつくれる人材はほとんどいないんです。これまでソフトはすべて外注でやってきたからです」

ＢＥＶは、ハード面から見ると、ガソリンエンジンという内燃機関を搭載したクルマよりはるかに簡単にできる。いまやどんな機械でも、ハードはコモディティ化されているからだ。しかし、ソフトとなるとそうはいかない。

トヨタは、次世代の車載ＯＳ「Arene」（アリーン）」を子会社のウーブン・バイ・トヨタをとおして開発中だが、その実用化目標は２０２５年で、実際にＢＥＶに搭載するのは２０２６年になると発表している。

トヨタは日本の大企業の例にもれず、広大な裾野に下請け企業、提携企業を多数かかえている。つまり、下請けや提携企業への外注で成り立っている。ＯＳもそうだが、多くのソフトの開発は、パナソニックなどの車載器メーカーに発注してきた。これがＢＥＶ開発ではネックになる可能性がある。

トヨタが失速する近未来を想像すると、胸が痛くなる。そのとき日本は、「ものづくり大国」の看板を下さなければならないからだ。

●日本メーカーそれぞれのEV戦略とは？

ではここで、トヨタ以外の日本メーカーの電動化の取り組みを見てみたい。

日本メーカーのなかでもっともＥＶに注力しているのは、日産自動車だ。２０２３年２月にルノーグループとの株式相互保有割合をイーブンにし、提携関係を維持しながら独自のEV戦略の道を歩んでいる。その基本は2022年1月に発表された「アライアンス 2030」で、ルノー、三菱との3社間でプラットフォームの共用化率を80%にし、「2026年までに五つのEV専用プラットフォームから35車種のEVを投入」するという。ただし、2030年においてもEVの普及は20%程度と予測し、すべてのラインナップを維持していくとしている。

ホンダは三部敏宏社長が、2021年4月の社長就任会見で明かした目標「2040年にEV、FCVの販売比率をグローバルで100%」を目指している。

つまり、〝エンジンのホンダ〟が、いずれはエンジン車を止めるというわけだが、その道のりはまだ遠い。

その後、2022年4月に、ホンダは具体的な取り組みを発表した。それによると、北米ではGMと共同で2024年までに中大型クラスEVを2機種投入、中国では2027年までに10機種を投入する。日本では、2024年前半に、商用の軽EVを100万円台で投入し、その後、個人向けの軽EVとSUVのEVを投入するという。こうしてホンダは2030年までに全世界でEVを30機種展開し、年間生産200万台超を目指すとしている。

ただし、ホンダもまたEV一辺倒ではなく、FCVも引き続き開発していくという。さらに、ソニーと協業して新ブランド「AFEELA」（アフィーラ）を立ち上げ、2025年に新モデルを発売するという。

マツダは、日本メーカーのなかでEV転換がもっとも遅れている。２０２２年11月に発表された「２０３０経営方針」によると、EV戦略は三つのフェーズに分けられ、フェーズ１（～２０２４）で技術開発を強化し、フェーズ２（２０２５～２０２７）でバッテリー関連技術を強化、電動駆動システムを開発する。そして最後のフェーズ３（２０２８～２０３０）で、EVを本格投入することになる。中堅メーカーだけに大型投資は厳しく、当面は日米欧で展開する得意のロータリーエンジン車で稼ぎ、その収益でEVを開発・生産していくという。

スズキは日本市場よりインド市場に強みを持ち、２０２３年１月に「２０３０年度に向けた成長戦略」を発表している。

それによると、やはりインドやアフリカといった成長著しい新興国市場で従来のエンジン車を展開し、少しずつEV展開を図っていくとしている。インド市場では、すでにコンセプトモデルのBEV「eVX」を発表しており、これを２０２４年に本格投入するという。その後、6機種を投入する。日本市場では２０２３年に6機種を、欧州市場では２０２４年度以降に5機種を投入する。カーボンニュートラルの道筋としては、２０３０年のパワートレイン（動力伝達）別の比率は、BEVが20％、HEVが80％と想定している。ただ、インドではBEV比率を15％と想定している。

このように見てくると、メーカーごとに多少の違いはあるものの、BEVが急速に普及することは想定していない。普及するとしたら、２０３０年以降としている。しかも、BEVに集中投資しているわけではなく、トヨタのように全方位で脱炭素を図ろうとしている。

しかし、日本メーカーが想定するような未来が、本当にやってくるだろうか？

●日本の「2035年電動車100%」はマヤカシ

すでに世界は内燃機関車（ICE：Internal combustion engine）の新車販売を2035年までに全廃する方向で動いている。この法制化が、各国で進んでいる。

EU議会は、2023年2月14日、「e-fuel」（イーフューエル：合成燃料）を例外としてICE車の新車販売を2035年までに事実上禁止する法案を採択した。この法案は、EU委員会が2021年7月に提案し、EU各国とEU議会が基本合意していた。新車のCO_2排出量を2030年に2021年比で55％削減することも盛り込まれた。148ページの各国のクルマの電動化へのロードマップをまとめた［図表16］を、改めて見てほしい。

EUのEV一本化政策で、VW、アウディ、ベンツなどのドイツの自動車メーカーは、どこもEV転換を急いでいる。アメリカもIRA法によってEV補助が強化されたため、GM、フォードなどアメリカのメーカーはもとより、世界中のメーカーが早期のEV転換を目指すようになった。中国については、前述したとおりで、2030年にはEV化率50％以上は確実に達成されるだろう。

日本政府もすでに、2035年までに新車販売を100％電動車にする方針を発表している。しかし、この〝電動車〟には、HEV、PHEV、FCVも含まれている。しかも、宣言文である「2050

年カーボンニュートラルに伴うグリーン成長戦略」は、次のように書かれている。

《遅くとも２０３０年代半ばまでに、乗用車新車販売で電動車１００％を実現できるよう包括的な措置を講じる》

「実現する」ではなく、「実現できるよう包括的な措置を講じる」である。これでは、日本の政策はマヤカシではないかと思われても仕方あるまい。

こうした日本政府のカーボンニュートラルに対する姿勢が、トヨタをはじめとする日本メーカーに「全方位戦略」を取らせてしまったと言えるだろう。

●日本の自動車産業の「EV敗戦」は確実か？

トヨタは日本を代表する世界企業であり、日本企業が軒並み輝きを失うなか、ただ1社残った大エクセレントカンパニーである。

かつて日本企業の最盛期とされた１９８９年、世界の時価総額ランキングで、日本企業はトップ10に7社、トップ50に32社もランクインしていた。それがいまやトップ10にはゼロ、トップ50にやっとトヨタ1社が入っているだけだ。

「フォーチュン・グローバル500」（FG500）の2022年版では、500位以内にランクインした日本企業は47社。1位の中国136社、2位のアメリカ124社の3分の1弱に過ぎなくなった。

もしトヨタまで輝きを失ったら、日本経済は本当に大きく傾いてしまう。

これまでの「失われた30年」で、「ものづくりニッポン」は、数々の敗戦を喫してきた。家電敗戦、半導体敗戦、PC敗戦、液晶敗戦、スマホ敗戦など、挙げていけばキリがない。この先、自動車産業まで敗戦を喫してしまうのだろうか？

こんな状況になったのは、トヨタという一企業、自動車産業という一業界の問題ではない。政治の問題である。この国を動かす政治家と官僚に、未来を見据える力がなかったうえ、判断力、実行力、行動力が欠けていたからだ。

未来を見据えた明確な制度の下で、できるかぎり早く動くほど、国際競争では有利になる。後から動くほど、大きな負担を強いられる。

パラダイムシフトが起こっているときは、それにいち早く対応していくほかない。変化しなければ生き残れない。地球温暖化は、国家、企業、個人に「変化すること」を強いている。まだ時間は残されているとは思うが、このままなにもしなければ、日本が世界に誇った自動車産業の「EV敗戦」は確実に訪れるだろう。

第8章　半導体敗戦の二の舞、「バッテリー敗戦」

●21世紀は「バッテリーの世紀」になった

カーボンニュートラル実現のために、絶対欠かせないものがある。「バッテリー」（蓄電池：storage battery）だ。カーボンニュートラルが達成される脱炭素社会での動力源は、CO_2を排出しない再生エネルギーや原子力などでつくられた電力である。ただし、電力はつくればいいというものではない。必要なときに必要に応じて使えなければ意味がない。そのために必要なのが、電力を貯めておくことができるバッテリーである。

つまり、バッテリーがないとカーボンニュートラルは達成できないし、現代のデジタル社会も動かない。

では、バッテリーと聞いて、私たちが真っ先に思い浮かべるのは、なんだろうか？　それはおそらくスマホだろう。最近は長時間持つようになったが、電池の減りを常に気にしていた体験が誰にもあるはずだ。もちろん、スマホだけではない。照明器具、家電製品、通信危機など、あらゆる電気を使う製品に、バッテリーは必要だ。また、再エネの太陽光や風力でできた電気を貯めておくのにもバッテリーは欠かせない。

そしてやはり、いちばん注目しなければならないのは、ＢＥＶである。ＢＥＶの「Ｂ」が「Battery」であるように、バッテリーがなければＢＥＶは動かない。バッテリーの容量、性能によってＢＥＶのスピードも走行距離も決まる。

このように見てくれば、カーボンニュートラルが達成された脱炭素社会は「バッテリー社会」と言ってもいい。20世紀は「石油の世紀」だったが、21世紀は「バッテリーの世紀」と言っても過言ではない。

そのため、経済産業省が掲げる「２０５０年カーボンニュートラルに伴うグリーン戦略」でも、バッテリーの重要性が強調されている。

また、「ＷＥＦ」（World Economic Forum：世界経済フォーラム）では、「ＧＢＡ」（Global Battery Alliance：グローバル・バッテリー・アライアンス：世界バッテリー連合）という官民協力の組織をつくり、将来にわたるバッテリー開発を提唱している。ＧＢＡには世界１２０以上の組織（世界銀行、国連環境計画、ＯＥＣＤなど）と企業（化学企業、電池メーカー、自動車メーカー、金融機関など）が加盟して、バッテリーに関する情報交換からルールづくりなどを行っている。

ＷＥＦの報告書では、２０３０年までに運輸・電力分野が削減目標とするＣＯ$_2$の排出量の約30％にバッテリーが貢献するとしている。ただし、そのためには、今後10年間でバッテリーの生産を19倍に拡大すべきとしている。

このようなＷＥＦの提唱を受けて、ＥＵでは２０２３年4月17日、「バッテリーパスポート」のガイダンスを発表した。バッテリーパスポートとは、材料調達から廃棄・リサイクルまで、蓄電池の「ライフサイクル」（ＬＣＡ）にかかわる全情報を記録する「カーボンフットプリント」（ＣＦＰ）と、バッテリーの性能・耐久性などの情報の申告を義務づけるもので、これによって製造されたバッテリーのCO_2の削減効果を評価しようという試みだ。

●蓄電池の主流は「リチウムイオン電池」

バッテリーが最重要製品となったことで、いま、世界では、国と企業による激しい「バッテリー戦争」が起こっている。この戦争に、BEVと同じく、日本は敗れようとしている。先々のことはわからないが、現在の周回遅れを挽回するのはかなり困難な状況だ。

この章では、主にBEVの車載電池について述べていくが、その前にバッテリーについて知っておかねばならないことがある。

バッテリーは私たちにとってもっとも身近なものの一つであるのに、私たちはバッテリーについてよく知らない。私もこれまで、たとえば、乾電池を買うにしても、アルカリ電池、マンガン電池の違いがわからなかった。

そこでまず、バッテリーそのものがなにか？　その種類は？　というところから見ていきたい。

そもそもバッテリーとは、光や熱、化学反応などのエネルギーを、電気に変換する装置のこと。大別すると、熱や光といった物理エネルギーから電気をつくる「物理電池」と、化学反応によって電気をつくる「化学電池」の2種類がある。この「化学電池」のうち、繰り返し充電して使用できるものを、「二次電池」＝「蓄電池」と呼んでいる。私たちがよく使う乾電池は、この二次電池＝

蓄電池である。

蓄電池には1世紀以上の歴史があり、使用する素材の組み合わせだけでも数十種類もある。そのうちの代表的なものが、「鉛電池」「アルカリ電池」「マンガン電池」「ニッケル水素電池」「リチウムイオン電池」で、現在の主役は、リチウムイオン電池である。これまでは、ニッケル水素電池がスマホからＥＶにいたるまで幅広く使われてきたが、最近は、リチウムイオン電池に置き換わっている。ＢＥＶの車載電池は、ほぼリチウムイオン電池となっており、英語では「ＬＩＢ」（Li-ion battery）と呼ばれている。

リチウムイオン電池（ＬＩＢ）では、正極と負極の間をリチウムイオンが仲介する電解水をとおして行き来することで充放電が行われる。正極の材料には、コバルト、ニッケル、マンガンなどの単一または複合の金属酸化物やリン酸鉄系の材料が使用される。この正極に使われる材料によって、リチウムイオン電池は、次の３種類に大別される。

①ＮＣＡ系（ニッケル系）：正極にニッケル（Ｎ）、コバルト（Ｃ）、アルミニウム（Ａ）の３種類の金属を使う。
②三元系：正極にニッケル（Ｎ）、マンガン（Ｍ）、コバルト（Ｃ）の化合物を使う。
③リン酸鉄系：正極にリン酸鉄およびその化合物を使う。

いずれにせよ、この①、②、③ともリチウムが必要なので、「バッテリー戦争」は、「リチウムの戦争」と言い換えても過言ではない。

現在、世界のバッテリー市場は拡大を続けており、WEFの報告書をベースにすると、2030年には約40兆円、2050年には約100兆円規模の市場になると予測されている。

●VW、テスラ、電池の自社製造に乗り出す

BEVにおいては、車載用のリチウムイオン電池は最重要部品である。また、リチウムイオン電池はBEV全体に対するコストの約3分の1を占めている。つまり、安く大量にリチウムイオン電池を調達できないかぎり、自動車メーカーは大量生産によるBEVの販売競争に勝てない。

そのため、世界の自動車メーカーはバッテリーメーカーを抱き込んで、いま、リチウムイオン電池の確保に奔走している。また、自社製造にも乗り出している。

フォルクスワーゲン（VW）は、欧州内に6カ所のバッテリーセル工場を建設する計画を進めており、その一つのスウェーデンのスケレフテオ工場は、スウェーデンのバッテリーメーカー「Northvolt」（ノースボルト）と協業している。また、ドイツ国内のニーダーザクセン州ザルツギッター工場は、中国の「国軒《グオヤン》高科」（Gotion High-tec）と協業している。さらに、傘下のバッテリーメーカー「パワーコ」（PowerCo）は、スペインのバレンシア州サグンとカナダのオンタリオ州セントトー

マスに新工場を建設中だ。

テスラも、バッテリーの自社製造に積極的に取り組んでいる。２０２３年４月、ＣＥＯのイーロン・マスクは、上海に大型蓄電池「メガパック」を生産する新工場をつくることを、中国側と共同で発表した。上海にはすでにＢＥＶ生産の「ギガファクトリー」を持っているので、これでテスラのＢＥＶの中国現地生産は完全な垂直統合型になった。

中国のＢＹＤは、もともと電池をつくっていたので、国内に何カ所か大規模なバッテリー工場を持っているが、海外進出も積極的に進めている。ＢＹＤの新工場は、チリ北部のアントファガスタ州に建設される予定で、その投資規模は２億９０００万ドル（約３９０億円）。２０２５年操業を目指しているという。

チリは、後述するが、リチウムの重要な産地の一つである。２０２３年４月、チリのボリッチ大統領は、突然、国内のリチウム産業を国有化すると表明したが、ＢＹＤのチリ新工場の建設は、この国有化政策を見据えたものである。

ＢＹＤは以前からチリに積極的に投資をしていて、２０１７年に自社ＢＥＶをチリ政府に提供、さらに２０２２年12月からは、チリの自動車販売会社と組んでＢＥＶの販売に乗り出している。

リチウムイオン電池の需要が増えれば、当然だが、その原料となるリチウムは不足する。とくにリチウムは、採掘と生産が、オーストラリア、チリ、アルゼンチン、中国の４カ国に偏っているため、これまで激しい争奪戦が繰り広げられてきた。

バッテリーをめぐる争奪戦とその材料となるリチウムをめぐる争奪戦。この二つの争奪戦が、いま世界で同時進行しており、この覇権を握った国や企業が「気候変動経済」の勝利者になる可能性が高い。

しかし日本は、前記したように、この「バッテリー戦争」に勝つ見込みはほとんどない。

●中韓勢に約5割あったシェアを奪われる

かつて、蓄電池は日本の〝お家芸〟だった。半導体と並んで、世界を席巻した日本のハイテク技術の結晶だった。しかし、いまや半導体の二の轍《てつ》を踏みそうになっている。

2019年のノーベル化学賞の受賞者、吉野彰博士は、リチウムイオン電池の開発者で、実用化に貢献したことが、大きく評価された。また、リチウムイオン電池の商品化に世界で初めて成功したのはソニーである。1991年、ソニーは世界で初めてリチウムイオン電池を売り出している。つまり、リチウムイオン電池の技術は「日本発」なのである。

しかし現在、そのシェアは、中国、韓国勢に奪われて大きく落ち込んでいる。とくに車載電池においては中韓メーカーの台頭が著しく、中国の「寧徳時代新能源科技《ニンダー》」（CATL）や韓国の「LGエナジー」などの中韓勢が世界シェアの83・2％を占めている。

テスラに供給するパナソニックを除けば日本メーカーの存在感は薄い。ただ、パナソニックはスマホなどに使われる小型リチウム電池の分野では世界シェアの22％をキープし、第1位である。

［図表18］は、車載電池の国別シェアを２０１５年と２０２２年で比較したものだ。

このグラフでわかるように、日本勢は８年前の２０１５年には世界シェアの51・７％を占めていたが、２０２２年には10％を切るまでシェアを落としている。

これに危機感を持った経済産業省は、２０２１年11月に、産官学で構成する「蓄電池産業戦略検討官民協議会」を立ち上げた。そして、２０２２年８月に日本の蓄電池業界が再び競争力を取り戻すための「蓄電池産業戦略（案）」を取りまとめ公表した。

〝遅すぎた感〟満載のこのレポートは、蓄電池業界が落ち込んだことへの反省として、次の２点を挙げている。

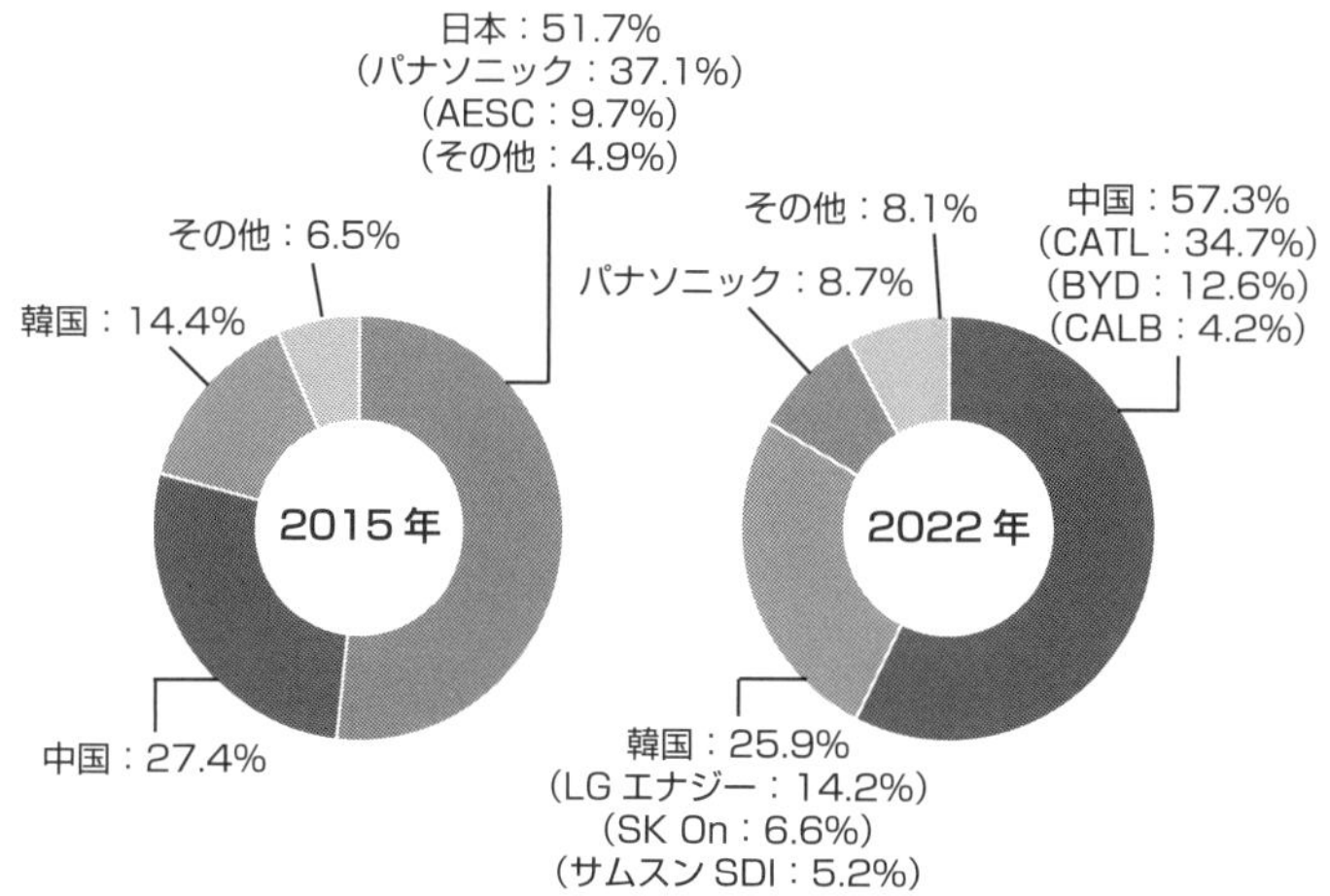

［図表 18］車載用リチウムイオン電池の世界シェアの推移

（出典・参照：経済産業省サイトほか）

①全固体電池の技術開発に投資が偏った。
②国内志向でグローバル市場での成長を取り込めなかった。

①の「全固体電池」(All-solid battery)というのは、リチウムイオン電池を超える次世代電池。トヨタ、パナソニック、マクセル、京都大学などが協力し合って官民学のオールジャパンで開発が進められてきたが、まだ本格的に実用化されていない。しかし、これは次世代への投資なのだから、継続して開発を続けるべきであって反省すべきことではない。反省すべきは、なぜ開発が遅れたかである。というのは、中国CATLが、「凝聚態電池」(コンデンスドバッテリー)という半固体電池の開発に成功しているからだ。

②の反省についても疑問符がつく。グローバル市場というのは、米欧中の市場を指すのだろうが、自国内の市場が小さいのだから、グローバル市場進出など簡単にできるわけがない。これができているのはパナソニックぐらいで、それはテスラのメインサプライヤーだからだ。

技術革新と生産は、市場のあるところ、ニーズのあるところで進む。そうした市場とニーズを、カーボンニュートラルにおいては、政府が率先してつくっていかねばならない。

日本政府は、これまで述べてきたように、地球温暖化対策に関しては関心が薄く、このようなレポートぐらいでお茶を濁してきた。

〝カーボンニュートラルは表明しました。「GX推進法案」もつくりました。あとは、民間のみなさんが頑張ってやってくださいᐥでは、脱炭素などできるわけがない。

このことは、中国ＣＡＴＬの成長を知るにつけ痛感する。

●ＴＤＫの一技術者が世界一の電池会社をつくった

車載電池の世界一の企業となった中国のＣＡＴＬは、じつは日本と深い関係にある。というのは、その母体である「新能源科技」（ＡＴＬ）が、日本のＴＤＫの１００％子会社だからだ。

ＡＴＬは香港で設立された企業で、民生用（コンシューマーユース）のバッテリーのメーカーとして、２０００年代初頭にアップルの「ｉＰｏｄ」へのサプライヤーとなって大躍進を遂げた。しかし、その後業績が悪化し、２００５年、資金繰りに窮《きゅう》した創業者の曽毓群《ツァンユウシン》（Robin Zeng）がＴＤＫに救いを求めた。これに応じて、ＴＤＫはＡＴＬの全株を引き受けたのである。

現在、曽毓群は、ＣＡＴＬの董事長（ＣＥＯ）として、保有資産３４５億ドルを持つ大富豪。『フォーブス』誌の世界富豪番付では42位にランキングされているが、出身は福建省の貧しい農村。学業優秀だったため、名門の上海交通大学に進学し、卒業後は広東省東莞《トンガン》市にあった日系の電子部品企業に就職した。この会社の親会社がＴＤＫで、そこでエンジニアとして技術を磨いた曽は、１９９９年に独立して、小型バッテリーをつくる会社を立ち上げる。これが、ＡＴＬなのである。

つまり、曽はかつてＴＤＫで働いていた縁で、ＴＤＫに救いを求めたのだ。

TDK傘下となったATLは、その後業績を立て直し、急成長を遂げる。「iPhone」にも電池を提供し、2012年には、スマホ向けの薄型リチウムイオン電池で世界一のメーカーとなった。

CATLは、曽がATLから分離させて、2011年に創業した。ATLに「Contemporary」の「C」をつけ、折からスタートした中国政府の「新エネルギー車（NEV）普及政策」に乗っかろうとするものだった。つまり、車載電池の需要が確実に伸びるのを見越しての設立だった。

2015年、中国政府は補助金によるNEV優遇策の対象を明確化した。これにより、車載電池が中国企業のものでなければ、補助金が得られなくなった。

その結果、ATLが保持していたCATL株は中国企業に売却され、CATLは完全な中国企業となった。そしてその後、CATLは、政府の優遇政策の下、国内の激しい競争を勝ち抜き、2018年には日本のパナソニックを抜いて車載電池で世界一の企業になったのである。

このCATLの成長から言えるのは、やはり、政府のバックアップによる国内市場の形成と、そこでの競争がなければ、企業は成長しないということだ。日本政府は自国企業が競争力を失うのを放置し、まずいとなって初めて補助金をバラまく。〝後出し〟で勝てるのは「じゃんけん」だけだ。新しい成長分野に先行投資しなければ、日本経済はますます衰退する。

CATLの今日にいたるまでの経緯を、私は「NEC」のサイトの記事『EVバッテリーの覇者、中国CATLが急成長した理由』（田中信彦、2023年3月22日）や「日経ビジネス」の記事『TDK・石黒社長、変わり身こそ会社の生命線』（編集長インタビュー、2021年8月6日）で知った。知ってみて、改めて中国政府の時代を先取りして自国企業を育てる政策に関心した。日本と比べて、どちらが戦略的かは言うまでもない。

ＡＴＬは、いまもＴＤＫに莫大な利益をもたらしている。また、ＴＤＫはＡＴＬをとおしてＣＡＴＬと提携し、多様化するリチウムイオン電池の開発・製造を行っている。

●ＥＵに続々と進出する中韓の電池メーカー

最近は、ＣＡＴＬをはじめとする中国メーカー、そして韓国メーカーが、積極的に欧州に進出している。そうして、現地生産したバッテリーを欧州の自動車メーカーに供給しようとしている。

中韓メーカーの欧州進出には、大きな理由がある。

それは間もなく、ＥＵでカーボンフットプリント（ＣＦＰ）が実施されるからだ。ＥＵでは、前記したように、ＣＦＰの申告をバッテリーに義務づけるバッテリーパスポートの導入が決まり、早ければ２０２４年７月に実施される。

そうなると、脱炭素社会が進んだ地域でＣＦＰを拾得しないと、販売できなくなる可能性が高い。

また、ＥＵでは２０３０年をめどに、CO_2排出量が一定以上のバッテリーの流通を制限したうえ、リサイクルを義務づけることになっている。となると、ＥＶの車載電池は交換可能にしなければならない。

さらに、ＥＵはこの先、ほぼ間違いなく国境炭素税を導入する。そうなったときのインパクトは、バッテリーメーカー、自動車メーカーにかぎらず、あらゆる産業に及ぶ。

これらのことを考慮すれば、一刻も早く生産をEU域内で行うほうが有利であり、コストも安くなる。これが中韓メーカーの欧州進出の大きな理由だ。

中国CATLは、その手始めにドイツ中部テューリンゲンに工場をつくり、2022年12月から現地生産を開始した。中国「SVOLT」（蜂巣能源科技《フェンウオ》）もドイツに進出した。また、韓国「サムスンSDI」と「SKイノベーション」はハンガリーに、韓国「LGエナジー」はポーランドに進出している。

EU側も、中国のリチウムイオン電池がないとEVがつくれないので、中韓勢をいやでも歓迎するほかない。

●「インフレ抑制法」で米現地生産にシフト

EUのCFP導入などと同じ効果をもたらしたのが、2022年8月に成立したアメリカの「インフレ抑制法」（IRA）だ。このIRAでは、一定の条件を満たすBEVとPHEVに補助金が最大で7500ドル（約105万円）支給される優遇策が導入された。これは、完全に国内生産優先、国内メーカー優先の措置である。

法案成立から8カ月後、2023年4月、やっと米財務省は、補助金の対象になるBEVとPH

EVの車種を発表した。そのなかに日本車はおろか、ドイツ車も韓国車も含まれていなかったので、業界関係者はみな驚いた。認定されたのは、テスラやGM、フォードなどアメリカメーカーのBEV10車種のみだった。

なぜ、そうなったのだろうか？

それは「一定の条件」というのが、①北米で最終生産されたBEV、PHEVのうち、バッテリーが北米で製造・組み立てられた部品を50％以上使っていれば3750ドル、②バッテリーの主要鉱物に、アメリカまたはアメリカとFTA（自由貿易協定）を結んでいる国で採掘・加工したものを40％以上使っていれば3750ドル、③①と②の両方の条件を満たせば7500ドルを支給、というものだったからだ。

上記10車種以外は、このどの条件も満たせなかったのである。こうなると、7500ドルの補助金を得るためには、ほぼすべてを北米で生産する以外に選択肢はない。

北米市場は、中国市場に次ぐ世界第2位の市場である。よって、どんな自動車メーカーもここを失うわけにはいかない。バッテリーメーカーも同じである。したがって、IRAの成立後、日本の自動車メーカー、バッテリーメーカーも動いた。

トヨタは、バッテリーの供給に遅れをとってはならないと、グループの豊田通商と組んでアメリカで自らバッテリー生産工場を建設することを決めた。トヨタの工場はサウスカロライナ州に建設されることになった。これまでトヨタは、何社かのバッテリーメーカーとの協業を進めてきたが、その協業相手の一番手は中国CATLである。

ホンダは、韓国のバッテリー最大手のLGエナジーと約6100億円を投じて、アメリカに2カ所の新工場を建設することを決めた。

パナソニックは、テスラのへの供給のため、すでにネバダ州で工場を共同運営しているが、その生産能力を高めることを表明した。さらに、テスラ以外のアメリカメーカーにも供給する方針を打ち出した。そのため、カンザス州に新工場をつくることになった。

このように、日本メーカーも、バッテリー戦争で懸命の戦いを続けている。しかし、日本勢には大きな弱点がある。それは、リチウムイオン電池の原材料のリチウムを海外から購入するほかないという点だ。

●リチウム価格は2年間でなんと12倍に

では、ここからは、リチウムイオン電池の原材料、リチウムの争奪戦に話を移したい。

まず述べておきたいのは、リチウムは現時点でほぼ代替が効かないということだ。次世代電池の本命とされる全固体電池はまだ本格的な実用化には時間がかかる。したがって現時点では、電池メーカー、車メーカーとも、なんとしてでも天然資源のリチウムを確保しなければならない。

リチウムは英語で「Litium」。原子番号は3で、元素記号は「Li」。いちばん軽いアルカリ金属元素の一つで、その性質から「希少金属」（レアメタル）のなかでも、もっとも価値があるとされている。「ＩＥＡ」（国際エネルギー機関）のクリーンエネルギーに関する報告書によると、ここ数年間で、リチウムの価格はうなぎ上りになっている。鉱物資源の調査専門会社のイギリス「Benchmark Mineral Intelligence」（ベンチマークミネラルインテリジェンス）によると、リチウムの価格は過去2年間で、なんと12倍に跳ね上がった。

しかし、２０２２年11月をピークに下降に転じ、２０２３年4月にはピーク時から約40％下げた。これは、中国のＢＥＶ市場が補助金打ち切り後の在庫調整・減産に入ったからとされている。つまり、一時的な下げである。

となると、この先もリチウムの価格は上がり続けるだろう。一説には、リチウムの埋蔵量は、いま走っている世界のクルマを全部ＢＥＶに代えられるほどはないという。

リチウムにかぎらず、リチウムイオン電池に必要なコバルトやニッケルの価格も上がり続けている。天然資源の価格というのは、需要に大きく左右される。需要が増せば価格は上がる。減れば下がる。リチウムに関しては、今後、需要が増すばかりで減ることは考えられない。

●リチウムの生産・供給は４カ国に偏っている

リチウムは地球上に広く分布しているが、空気や水と反応しやすいために、単体としては存在していない。火成岩や塩湖かん水中に多く含まれている。かん水とは、塩化ナトリウムなどの塩分を含んだ水である。代表的なかん水は海水で、有名な死海の湖水もかん水だ。

現在、地球上のリチウムの埋蔵量は、推定で1億1000万t（炭酸リチウム換算）とされ、限りがある資源である。ただし、リチウムは海水中にも存在し、その含有量は推定23億tとされるが、それを抽出する技術はまだできていない。ちなみに、日本では日本原子力開発機構が開発を進めている。

リチウムの供給先を見ると、オーストラリアが世界最大の生産国であり、世界の供給量の約半分（48%）を占めている。それに続くのがチリ（29%）、アルゼンチン（9%）、中国（9%）となっている。つまり、リチウムの生産・供給は、オーストラリア、チリ、アルゼンチン、中国の4カ国に偏っている。

そのほかの国では、ブラジル、アメリカ、ジンバブエ、カナダが合計で総供給の5%を占めている。また、ロシアやフィンランドなどでも、少ないが生産が行われている。

リチウムの生産方法は大きく分けて、塩湖かん水を濃縮させて生産する方法と、鉱床から鉱石を採掘する方法の二とおりがある。塩湖かん水からの生産は、チリ、アルゼンチン、中国、アメリカの4カ国、鉱床採掘はオーストラリアが代表的である。

こうして得られるリチウムだが、そのままでは使えない。精製して炭酸リチウムにされて、はじめてバッテリーメーカーなどに供給される。この炭酸リチウムで見ると、中国の輸出が世界の5～6割を占めている。これは、自国で採掘したリチウムに加え、オーストラリアで採掘されたものの輸入して精製しているからだ。

●リチウム生産が抱える深刻な問題

リチウムの生産量は、これまで確実に伸びてきた。しかし、これ以上の生産と安定供給には、次の三つの問題をクリアしなければならないとされている。

一つは、前記したように、生産・供給のサプライチェーンが、オーストラリア、チリ、アルゼンチン、中国の４カ国に偏っていることだ。これを是正しないと、ＢＥＶは中国の一人勝ちになってしまう可能性がある。しかも、中国はリチウムを外交駆け引きの武器に使ってくることも十分に考えられる。そうなった場合に備えて、西側諸国は、新鉱脈を探したり、サプライチェーンの多様化を図ったりしている。

二つめは、鉱床採掘のプロセスでCO_2が大量に排出されること。さらに、炭酸リチウムを生産する精製プロセスでは、「か焼」（焙焼《ばいしょう》）という１０００℃を超える高温で焼かねばならない。この熱源は、現状では石炭や重油が中心だから、やはりCO_2が大量に排出される。また、精製プロセスでは鉱石を硫酸に溶かす工程があり、硫酸ナトリウムが大量に発生するが、これは不要物であり環境汚染物質でもある。

三つめは、塩湖かん水による生産が、水不足や水質・土壌汚染などの環境問題を招くこと。濃縮プロセスでは大量の水が必要のため、周辺地域に生活用水や農業用水の枯渇を引き起こす。さらに、蒸留池の周囲に、ナトリウムやカルシウムなどの山ができてしまうという問題もある。

塩湖かん水の大生産地である南米のアタカマ塩湖（チリ、アルゼンチン、ボリビアの「リチウム三角地帯」に位置する湖）は、フラミンゴの生息地なので、そういう生態系への配慮も求められている。

すでにリチウム生産の拡大は、世界各地で問題を引き起こしている。

南米の「リチウム三角地帯」では、抗議活動が活発化し、アルゼンチンのサリーナス・グランデスでは、先住民のコラ族が大規模な反対運動を行った。「リチウムにノー、水と生活にイエス」というデモが繰り返され、開発を目指した鉱山会社が撤退した。

NHK特集でもドキュメンタリーとして放映されたが、欧州のリチウム埋蔵国としてナンバー1とされたセルビアでも、抗議活動が起こった。セルビア西部の小さな村で約2億t、車載バッテリーにしてBEV100万台に供給できるリチウムが眠っていることがわかり、セルビア政府はさっそく鉱山会社と組んでプロジェクトを開始した。

すると、村民、環境団体が抗議運動を始め、政府は2022年1月、ついにプロジェクトを断念している。

ポルトガルでも、北部にリチウム鉱床があると推定されたため、政府は露天掘りの鉱山開発プロジェクトを計画した。しかし、この地域は、世界農業遺産に認定された地域のため、抗議活動が起こっている。

それにしても地球温暖化阻止のためのカーボンニュートラルに不可欠なリチウムが、このような環境問題を引き起こすのだから皮肉と言うほかない。

いずれにせよ、こうした問題を解決させて、バッテリーを増産させないと、カーボンニュートラルへの道は遠ざかる一方になる。

●ニッケル、コバルトも電池には欠かせない

さらに、まだ大きな問題がある。

それは、前記したように、リチウムイオン電池に必要な鉱物資源はリチウムだけではないということだ。リチウムは「レアメタル」(希少金属)の一つだが、あといくつか欠かせない鉱物資源がある。リチウムイオン電池の種類を解説するところで述べたように、NCA系（ニッケル系）なら、ニッケル、コバルト、アルミニウム、三元系なたら、ニッケル、マンガン、コバルトが欠かせない。

ニッケルは、「USGS」（アメリカ地質調査所）が2022年1月に発表した鉱物資源の報告書によると、世界の埋蔵量は9500万t。その半分が、オーストラリアとインドネシアの2カ国にある。生産量で見ると、世界の生産量は251万tで、国別だと、インドネシアが77万1000tと最大。次いで、フィリピンが33万4000t、ロシアが28万3000tで第3位となっている。

続いてコバルトだが、全世界のコバルト埋蔵量は765万t。第1位はコンゴ民主共和国の350万tで、全世界埋蔵量のほぼ半分を占めている。生産量で見ると、1位はコンゴ民主共和国の10万t、2位はロシアの6300t。続いてオーストラリア、カナダ、キューバとなっている。ただし、精錬後のコバルト地金の生産量では、中国が世界の6割以上を占めている。

このように、ニッケルとコバルトも、産出国、生産国は偏っている。とくにこの二つのレアメタルで存在が大きいのは、ロシアと中国である。

リチウムイオン電池に利用されるニッケルは、高純度が要求され、その主要生産国はロシアである。埋蔵量でも生産量でも世界1位でこそないロシアだが、純度99・8%以上の高純度ニッケル生産では、ロシア企業が世界シェアの約2割を占めている。これは、ウクライナ戦争が継続中なので、隠れた世界の大問題である。コバルトに関しても、ロシアが世界第2位の生産国であるというのは、同じく大問題である。

さらに、第1位の生産国であるコンゴ民主共和国にも、大きな問題がある。それは、採掘業者が、現場坑夫に児童を使い、あまつさえ、成人坑夫によるレイプ問題などが起こっていることだ。これを見て見ぬ振りをし、鉱石を大量輸入して精錬しているのが中国である。

つまり、ウクライナ戦争、米中冷戦によって、中ロが手を組む構図ができてしまい、世界のレアメタルの供給が中ロ陣営に握られてしまった。この先の供給が滞る可能性が高いのである。これは、地球温暖化を防止するにあたって、最悪の展開と言えるだろう。この打開は、政治しかなしえない。

●中国はウサギ、日本はカメ、追いつくのは不可能

さらに、中国がバッテリーで優位に立つ点がある。それは、日本勢がリチウムイオン電池の「三元系」でリードしてきたところを、「リン酸鉄系」でひっくり返されつつあることだ。

これまで、リン酸鉄系リチウムイオン電池は、三元系に比べて、エネルギー密度が低く、重量が重いため大容量化が困難とされてきた。しかし、第7章で紹介した上海国際モーターショーでは、半数以上の中国BEVが三元系リチウム電池を超えるリン酸鉄系リチウムイオン電池を搭載していた。

中国の電池メーカーは、リン酸鉄系で三元系と同等の体積で同等の電池容量を確保できる技術を開発し、実用化に漕ぎ着けていたからだ。さらに、BYDにいたっては、リン酸鉄系リチウムイオン電池より安価な「ナトリウム電池」を搭載したBEVを披露していたという。

上海国際モーターショーを取材した自動車ジャーナリストは、いみじくもこう言った。

「中国の技術開発のスピードが早すぎでついていけません。まるで、ウサギとカメです。カメは最終的にウサギを逆転しますが、こと、BEVに関してはありえないでしょう」

●レアメタルの備蓄とリサイクルに励む日本企業

現在、欧米の西側諸国と企業は、レアメタルの供給をロシア、中国に頼らない道を模索している。

日本の場合、たとえばニッケルに関しては、インドネシア投資を増やして高純度ニッケルを現地生産しようとしている。また、レアメタルを備蓄すること、リサイクルして再利用することも行われている。

現在、備蓄に関しては、国家プロジェクトとして、短期的な供給途絶に備えるため、設定した国内基準消費量に基づく備蓄が実行されている。これは、国内基準消費量の60日分が目標量となっている。要するに、石油備蓄と同じ体制が取られるようになった。

リサイクルも日々進んでいる。廃棄されるデジタル機器や家電などからレアメタルを回収し、再利用できるようにする技術開発が進み、すでに実用化されている。この分野をリードしている企業は、日本重化学工業と本田技研。両社は、リチウムイオン電池の焼却工程を必要としない高度リサイクル法を確立した。また、住友金属は、使用済みのリチウムイオン電池からニッケル・コバルトを回収し、高純度化する技術を開発した。

しかし、このような努力も、ＢＥＶそのものに周回遅れで、バッテリー産業をここまで衰退させてしまったいまとなっては、手遅れではなかろうか。

第9章　環境先進国だったのがなぜ?

●「ゼロエミッション」を原子力に頼った

思えば、かつての日本は「省エネ化」（注：「再エネ化」ではない）が進んだ「環境先進国」だった。日本のエネルギー効率のよさは、世界から賞賛されたものだった。だから、1997年12月に「COP3」（京都）で採択された「京都議定書」（Kyoto Protocol）は、日本が世界の環境政策をリードするものとして尊重された。

それがいまや環境政策で世界から大きく遅れをとっているのだから、笑い事ではすまない。

なぜ、こんなことになってしまったのか？

振り返れば、日本も2002年に策定された「エネルギー基本政策法」のエネルギー基本計画では、「ゼロエミッション」（ZE：Zero Emission、環境を汚染したり、気候を混乱させたりする廃棄物をいっさい出さない資源循環型の社会システム）を目指していた。2010年に策定された第3次計画では、2030年に向けた目標として、「ゼロエミッション電源」の比率を全電源の約70％とすると明記された。

しかし、その電源構成は、「水力に加えて、大半を原子力でまかなう」というものだった。この原発に頼り過ぎた計画が、間違いだったと言うしかない。なぜなら、不幸なことに、第3次計画が策定された翌年の2011年に、あの東日本大震災に見舞われたからだ。

●原子力の代替電源は火力一択しかなかった

東日本大震災による福島第一原発のメルトダウン事故は、原発安全神話を根底から覆《くつがえ》した。その結果、原子力を中核としたエネルギー政策を見直さざるをえなくなった。しかも、原発を失ったことで、その代替電源として火力発電に頼るほか選択肢がなくなってしまった。

火力発電は２０１０年時点で、日本の電源構成の約６割を占めていた。それが、震災の翌年には約９割を占めるまでになった。

現実問題として、ＧＨＧ排出削減、脱炭素などと言っていられる場合ではなくなったのである。このことは決定的であり、あの時点で、日本は完全に「環境先進国」ではなくなり、「後進国」になったと言えるだろう。

とはいえ、その後、火力に頼るのをやめることは可能だった。思い切れば、石炭、石油、天然ガスなどの化石燃料による発電から、再エネ発電にスイッチを切り替えることは可能だった。

しかし、それを阻《はば》んだのが、当時の日本の石炭火力発電の技術力の高さだった。日本の石炭火力は蒸気タービンの圧力や温度を極限まで上昇させる方法で、欧米やアジア諸国に比べ高い発電効率を実現していた。つまり、CO_2の排出量は少なく「クリーンな電源」ということが可能だった。

このことを、当時の安倍政権はいたく気にいった。安倍首相たちの頭のなかには、まだ「日本は先進国」「ものづくり大国」という、現実離れしたイメージがあったからだ。

そのため、日本オリジナルの石炭火力を有効活用し、なおかつ、ASEAN諸国を中心に海外に輸出する政策が取られた。それまでは原発の輸出政策を取ってきたが、福島原発事故でそれが叶わなくなり、その代わりに目をつけたのが「クリーン火力発電」だった。

しかし、中国の火力発電は、CO_2排出、熱効率などおかまいなしに輸出されており、日本の火力発電に比べると明らかにコストが低かった。価格においては日本の火力発電は競争力を持たなかった。

しかも、中国の火力発電のクリーン技術は日増しに向上し、いまでは日本と遜色《そんしょく》がないという。

●再エネ促進よりなぜか原発再稼働を優先

2015年の「COP21」で採択された「パリ協定」(Paris Agreement)により、世界は化石燃料による発電を削減、廃止する方向になった。なかでも石炭火力は一番手に上がった。

しかし、日本は原発停止、再エネ転換の遅れの穴を埋めるために、依然として石炭火力を使い続けた。思い切った再エネ転換もありえたが、地球温暖化に関心が薄かった安倍政権は使い続けることを選択し、その後の菅前政権が「2050年カーボンニュートラル」を表明したため、脱炭素の選択肢として原発復活を決めるほかなくなってしまった。

原発はCO_2を排出しないクリーンエネルギーだから、それを使うことはカーボンニュートラルには反しない。しかし、地震・津波が多い日本は、フィンランド、フランスなどとは条件が違う。それなのになぜ、再エネ促進より原発再稼働を選んだのだろうか？

東日本大震災と「フクシマ」は、いまでも日本人の心に大きな傷として残っている。あのとき、福島原発2号機が大爆発しなかったのは、単なる幸運である。もし、大爆発して放射能が関東全域を覆っていたら、いまの日本はなかった。

しかし、この事実を多くの日本人は認識していない。なぜなら、当時の菅直人政権とメディアが福島で起こっている本当のことを伝えなかったからだ。

私がいまも鮮やかに思い出すのが、２０１１年3月14日の福島原発3号機の爆発である。その映像をＮＨＫの速報画面で見て、私は即座に家内と羽田空港に向かった。家内の実家がある宮崎に疎開するためである。

この前々日の12日夜に、1号機が水蒸気爆発を起こしていた。そして、翌13日の昼に、知人から電話が入った。

「すぐに東京を離れたほうがいい。いつまた爆発が起こるかわからない。持ちこたえているけど2号機がいちばん危ない。そうなったら、放射能汚染は首都圏まで及ぶ」

この知人は原子力技術の専門家で、嘘をつくような人間ではない。でも、私はその言葉を半信半疑で聞いた。

テレビでは枝野幸男官房長官（当時）ら政府要人が、「問題は起きていない」「メルトダウンの心配はない」と盛んに言っていた。しかし、彼はそれはウソだと断言し、「メルトダウンどころかメルトスルー（核燃料が溶融し圧力容器の底を突き抜けて流れ出すこと）の可能性が高い」と言うのだ。そのため、彼はすでに関西圏に疎開し、そこから私に電話してきたのだった。

●フクシマの教訓は生かされているのか？

地震発生から1日も経たないうちに、危機の焦点は地震・津波の被害から原発の爆発に移っていた。そのことを国民のほとんどが知らなかった。いや知らされていなかった。原発がじつはメルトダウン、メルトスルーしていたことを知らされたのは、すべてが落ち着いた数カ月後である。

しかし、私は3月14日の3号機の爆発をテレビで見て、知人の言葉に確信を持ち、「これは本当に危ない」と疎開したのである。「こんなときに東京を離れるなんて、それでもマスコミの人間か」と非難されたが、命のほうが大事だった。

2023年3月、あの事故から12年後、NHKは実話・検証ドラマ『原発事故・危機の88時間』を放映した。ここに、当時の真相がほぼすべて描かれている。

1号機が水素爆発によって建屋が吹っ飛んだ後、次は2号機、3号機だと、現場は必死になって放射能を薄めて外部に放出する「ベント」にあたっていた。しかし、2号機、3号機とも建屋の爆発によって、ベントの機能が失われ、打つ手がほとんどなくなっていた。

このときの、故・吉田昌郎所長の証言「もし2号機の格納容器が爆発したら、放出される放射能によって東日本一帯は人が住めなくなる」は、衝撃的である。

この実話・検証ドラマを見て、私は改めて当時の自分の行動は間違っていなかったと思った。そして、どんな政府だろうと都合の悪い真実は隠す、メディアもそれに加担するということを再度心に刻んだ。

いまでも、死を覚悟して編成された数人の決死隊が、原発内部に入る直前に2号機が爆発し、その爆発があまりにも弱かったことは謎である。もし爆発が大規模だったら、故・吉田所長の証言は現実のものになっていただろう。

本当に、日本は幸運だったのである。

それにしても、このことは当時の民主党政権も、その後の自民党政権も、そして多くの関係者もみな知っているはずである。それなのになぜ、カーボンニュートラルを表明したというのに、エネルギー源を原発に頼ろうとしたのだろうか。原発を復活させる意義はある。しかし、それならば、二度とあのような事故が起きないように、安全性を確保することに徹底し、それができることを国民に説明すべきだろう。そして、再エネ転換より原発を優先させる理由も説明すべきだろう。

福島原発事故の教訓は、原発の〝最後の砦〟である格納容器をどうやって守るかである。

フィンランドで新設されたオルキルオト原発3号機「新型炉ＥＰＲ」は、核燃料が格納容器を突き破ることを前提に、それに対応する装置としての「コアキャッチャー」を世界で初めて設置した。

福島原発の教訓を生かしたわけだ。

一方、福島原発の事故後、ドイツのメルケル首相（当時）は、ドイツの全原発の停止を決めた。

●2000年代前半まで太陽光で世界をリード

日本が「環境後進国」「温暖化対策周回遅れ」になってしまった原因の一つに、太陽光をはじめとする再エネを軽視してしまったことがある。これもいま思うと本当に情けないが、2000年代前半までは日本が世界の太陽光発電をリードしていた。

1974年、「オイルショック」の教訓から、石油に代わるエネルギー源を確保しようと、「サンシャイン計画」がつくられた。通商産業省（現経済産業省）主導で巨額の財政援助を技術開発に投じる大型プロジェクトである。

対象となったのは、「太陽光発電」「太陽熱の利用」「風力発電」「潮汐や温度差などの海洋エネルギーの利用」「地熱発電」など、今日、再エネと呼ばれるもののほぼすべてがそこにあった。

しかし、サンシャイン計画は、その後、一時頓挫《とんざ》した。石油価格が落ち着き、新しいエネルギー源への関心が薄れたからだ。それに輪をかけたのが、原子力への期待だった。

当時、石油に代わりえるのは原子力という言説が広まり、「核融合発電が次世代発電の切り札。30年以内に実用可能になる」と言われた。それを思い出すと、イノベーションの未来予測というのは本当に難しいと実感する。

太陽光発電が再注目されたのは１９９０年代に入って、地球環境問題が世界で議論されるようになってからだ。その結果、サンシャイン計画は「ニューサンシャイン計画」と改名されて、１９９４年から太陽光発電への補助金制度が始まった。

これによって発電コストが下がり、住宅用の太陽光発電も進展を遂げた。こうして１９９９年には太陽光パネル生産において、日本メーカーが世界の首位に立った。ここまで、太陽光発電は日本の〝お家芸〟で、独走状態だったと言っていい。

ところが、２００９年に家庭や事業所などで太陽光発電によってつくられた電気の余剰分を電力会社が買い取る「太陽光発電の余剰電力買取制度」がスタート。さらに、東日本大震災後の２０１２年には、「固定価格買取制度」（ＦＩＴ法、２０１７年に改正）がスタートしたというのに、太陽光発電は進展しなかった。

政府としては、補助金制度などで太陽光発電を促進してきたつもりだろうが、その促進策が裏目に出てしまったとしか言いようがない。

その結果、太陽光発電が電源構成に占める比率は10％弱にとどまっている。再エネ全体でも20％弱である。

２０２２年12月、「ＩＥＡ」（国際エネルギー機関）は報告書で、「再生可能エネルギーは、２０２５年初めには石炭を抜いて世界最大の電源になる」との見通しを発表している。

●制度設計を間違え悪徳業者を招き入れた

現在、太陽光などの再エネが進展しない原因の一つに、発電コストが高いことが挙げられている。太陽光システムの発電コスト（工事費やモジュールを含む）を比較すると、欧州が15・5円／kWに対し、日本は28・9円／kWとなっていて、2倍近くの開きがある。

そのため、「固定価格買取制度」で政府は、買取価格を高く設定した。そうすれば、太陽光事業者はコスト削減せずとも利益を出せると考えたのだ。

しかし、過度の補助金というのは、逆効果になることもある。日本の場合は、それを目当てに玉石混交の業者が参入し、かえって価格競争力を弱めてしまった。さらに、質の悪い〝悪徳業者〟の存在が、再エネ業界全体の信用低下を招き、行政に対する信頼までも失わせてしまった。

ほかにも原因はいくつか挙げられるが、根本的に日本政府の政策には、再エネへの〝やる気〟が感じられない。たとえば、２０１８年に策定された「第５次エネルギー基本計画」の序文は次のようになっていた。

「現状において、太陽光や風力など変動する再生可能エネルギーはディマンドコントロール、揚水、火力等を用いた調整が必要であり、それだけでの完全な脱炭素化は難しい」

「難しい」と言ってしまっては、「それならなぜやるのか」となってしまう。明らかに再エネへのインセンティブを削《そ》いでいる。

こうしていまや太陽光発電は中国に完全に追い抜かれ、太陽光パネル生産においては、日本企業はトップ10にも入らなくなった。

［図表19］は、世界の太陽光パネル生産メーカートップ10（２０２２年）である。トップ10企業のうち、８位のファーストソーラー（アメリカ）、９位のハンファＱセルズ（韓国）以外の８社は、すべて中国企業である。５位のカナディアンソーラーは、本社がカナダで登記されているが、主力工場は中国にあり、経営者も中国系なので、実質的には中国企業である。

この結果、太陽光パネルにおける中国のシェアは95％にまで達し、もはや中国製太陽光パネルなしには太陽光発電ができなくなってしまった。

２０２２年12月、東京都は、小池百合子知事の念願である「新築戸建て住宅への太陽光パネル設置義務化」の条例を成立させた。となると、中国製パネルを使うことになるので、懸念する声が上がっているが、もはや手遅れである。

太陽光ばかりではない、風力においても、中

［図表 19］太陽光パネル生産メーカートップ 10

順位	メーカー
1	Jinko Solar（ジンコソーラー）
2	Trina Solar（トリナソーラー）
3	LONGi Solar（ロンギソーラー）
4	JA Solar（JA ソーラー）
5	Canadian Solar（カナディアンソーラー）
6	Risen Energy（ライセンエナジー）
7	Astronergy（アストロナジー）
8	First Solar（ファーストソーラー）
9	Hanwha Q-Cells（ハンファ Q セルズ）
10	Suntech Power（サンテックパワー）

（出典：InfoLink Consulting、Taiyang News）

国にシェアを奪われ、もはや日本勢の存在感はない。風力発電メーカーのシェアを見ると、ヴェスタス（デンマーク）GE（アメリカ）以外の上位企業は、ほとんどが中国企業である。

●1992年が地球温暖化対策の元年

では、ここから時間をさかのぼって、日本と世界の地球温暖化対策の経緯をざっと振り返ってみたい。

世界の地球温暖化対策の原点とされるのが、1992年6月に、ブラジルのリオデジャネイロで開催された「UNCED」（United Nations Conference on Environment and Development：国連環境開発会議、俗称「地球サミット」）だ。

この会議の4年前、1988年には、「UNEP」（国連環境計画）と「WMO」（世界気象機関）により「IPCC」（気候変動に関する政府間パネル）が設置され、ここで、GHGの増加による地球温暖化の科学的、技術的、そして社会的、経済的な評価を行っていくことが決まった。

そうして、1990年に「第1次評価報告書」（AR1）が公表され、地球温暖化が「科学的不確実性はあるものの、気候変動を生じさせていることを否定できない」とされた。このAR1を踏まえて開催されたのが、「地球サミット」である。

「地球サミット」では「リオ宣言」が採択され、この宣言の合意事項を実施するためのルールとして、「気候変動枠組条約」「生物多様性条約」「森林原則声明」「アジェンダ21」などが採択された。

次のエポックは、なんといっても１９９７年12月に、京都で開催された「ＣＯＰ３」である。ここで採択された「京都議定書」は、その後の世界の地球温暖化対策の指針となった。京都会議では、日本が議長となり、初めて地球温暖化対策を具体的にどうするかが話し合われた。そうして、先進国における国別のＧＨＧの削減目標が定められ、具体的な削減行動が義務づけられることになった。

日本政府は、この「京都議定書」を踏まえて、「地球温暖化対策の推進に関する法律」（地球温暖化対策推進法）を制定した。「京都議定書」は２００５年に発効し、そこから法的にも削減義務が発生した。

●環境省はできたが主導権は経済産業省が握る

このような経緯から、２００１年に行われた中央省庁再編では、環境省が発足した。しかし、環境省が地球温暖化対策を主導することは、今日までできていない。

環境省は、これまで環境庁が行ってきた仕事を引き継いだうえに、厚生省の所管だった廃棄物リサイクル対策などを引き受けることになった。また、大気汚染などの公害防止のための規制、監視測定、公害健康被害者の補償などを一元的に担当していくことになった。しかし、地球温暖化対策は他省庁と連携して行っていくとされたに過ぎなかった。

そのため、地球温暖化対策の要となる再エネ促進などのエネルギー対策は、経済産業省と対立することになった。環境省は、「京都議定書」の提言を重視して脱炭素を進めたい。しかし、経済産業省は財界をバックに、エネルギーの安定供給を最優先とした。これでは、対立しないわけがない。

環境省と経済産業省の対立の最大の焦点は、カーボンプライシングの一つ「排出量取引」だった。2007年、「排出量取引」導入を目指す環境省と、それに反対の経済産業省の対立が表面化したことがあった。環境省の田村義雄事務次官（当時）が「排出量取引はGHG削減の有効な選択肢の一つ」と導入をほのめかすと、即座に「日本では財界による自主行動計画方式が最適」と、経済産業省の北畑隆生事務次官（当時）が牽制したのだ。

当時、排出量取引制度を義務化することに、財界は反対しており、「賛同企業の自主的な対応に任せる」というのが、財界の方針だった。それを経済産業省が代弁したのである。さらに、財界は「炭素税」の導入にも反対した。そのため、経済産業省は、この点でも環境省と対立した。

この対立は、いまもなお続いている。岸田内閣が成立させた「GX推進法案」で、カーボンプライシングの本格的実施が2030年以降に先送りされたのも、そのためである。

●メディアの危機感の欠如が対策遅れを招いた

地球温暖化は、なんとしても止めなければならない。この点で世界各国が合意し、枠組みが成立したのは、２０１５年の「ＣＯＰ21」で、このとき結ばれたのが「パリ協定」である。「パリ協定」の第４条は、世界各国に気候変動対策の行動計画を中心にまとめた「ＮＤＣ」(Nationally Determined Contribution：国家が決定する貢献）を要請している。つまり、この後は、ＧＨＧの排出削減、カーボンニュートラルが各国の義務となったのである。

「パリ協定」を受けて、日本は、２０３０年度に２０１３年度比でＧＨＧの排出量を26％減らすことを表明した。続いて、２０１８年に「気候変動適応法」を成立させた。この法律では、ＧＨＧの排出削減に加えて、気候変動による被害（自然災害・熱中症・農作物への影響など）の回避・軽減を図ることが明記された。

こうして、２０２０年、「２０５０年カーボンニュートラル」が菅前首相により宣言され、２０２１年にはカーボンニュートラルに向け「ＧＨＧを２０３０年度までに２０１３年度比で46％削減する。さらに50％の高みに向け挑戦を続ける」という、目標が表明されたのである。

しかしこれら一連の宣言と法案強化は、今日まで、実際の行動に結びついていない。とくに、安倍政権においては、首相が地球温暖化否定論者のトランプ大統領（当時）にべったりだったこともあって、地球温暖化対策は進まなかった。

日本の地球温暖化対策が進まない原因として、もう一つ挙げておきたいのが、メディアの怠慢である。日本のメディアは、地球温暖化に対する危機意識が欠如している。たとえば、「ＣＯＰ」が紛糾すると、それを大々的に報道し、「化石賞」などという本線でないことを大きく取り上げ、なぜ紛糾しているかという本質的な問題を真剣に取り上げない。

地球温暖化を止めることは、じつは経済対策であり、今後の国のあり方、国民生活に大きな影響を与えるという視点がない。日本の対策が周回遅れになっていることに対して、政府や業界関係者に取材すると、「日本には日本の事情がある」という答えがおしなべて返ってくる。

そのため、2030年度までに旧式火力の100基を廃止するとした計画が頓挫し、廃止が2カ所にとどまることになったが、メディアはこれを正面から批判しない。これでは、地球温暖化対策を促進すべきという世論形成ができるはずがない。

岸田政権は誰一人として理解できない「新しい資本主義」を掲げたが、そのなかに地球温暖化対策は組み込まれなかった。

脱炭素化が進展し、それに基づく新たなルールが形成されれば、脱炭素を実現できない経済は置いていかれることになる。それがわかっているなら、痛みをともなう再エネ転換でも早いに越したことはない。

脱炭素競争から脱落すれば、日本企業は多くのビジネスチャンスを失うだろう。そして、私たちの暮らしは気候変動リスクに晒されながら、経済的にもよりいっそう厳しいものになっていくだろう。

第10章　温暖化はウソ？

懐疑論・陰謀論の罠

●南極の「終末の氷河」の溶解が早まる

2021年の年末に、地球温暖化を警告する大きなニュースがあった。それは、「南極のスウェイツ氷河が危ない」というもので、氷河を守っている棚氷が5年以内に崩壊の可能性があり、そうなると氷河が溶けて世界の海面は2ft（約61㎝）上昇するというものだった。

しかし、こうしたニュースを、「そんなことは取り立てて騒ぐようなことではない」というのが、地球温暖化陰謀論者たちだ。彼らは「そもそも温暖化などしていない、それはでっちあげであり、政治的な意図、あるいは経済的な利益のために誰かが仕組んだフェイクだ」と言うのだ。

懐疑論者は、ここまで過激ではない。しかし、地球温暖化は疑わしいと否定的な点では同じである。また、もし温暖化していたとしても、それはCO_2を主犯とするGHGのせいではなく、長期的な気候サイクルや太陽黒点などの別の原因によるものではないかと言う。

しかし、これから述べていくように、すでにこうした陰謀論・懐疑論はほぼ否定されている。というか、いまさらそんなことを論争する意味がないほど、地球温暖化は進んでいる。

じつは私も、かつては地球温暖化を疑っていた。気候学者たちの論争、ときには罵《のの》り合《し》い、利害の対立、データの捏造疑惑、各国の政治的な駆け引きなどをみるにつけ、どうなっているのか？と思っていた。私には科学的な知見はない。ジャーナリストとして培《つち》ってきた〝勘〟があるだけだ。それから言うと、どちら側の主張にも胡散臭《うさんくさ》さを感じてきた。しかし、いまはどちらの主張もどうでもよくなった。なぜなら、今日もまた世界のどこかで異常な気候変動が起こっているからだ。

それでは話を、南極のスウェイツ氷河に戻す。氷河が崩壊するという見解を示したのは、オレゴン州立大学の氷河学者エリン・ペティット博士。博士は、アメリカ地球物理学連合の会議の記者会見でこの見解を示した。

スウェイツ氷河は、別名を「終末の氷河」（doomsday glacier）と言い、アメリカのフロリダ州と同じ大きさ。すでに一部は溶け出していたが、大部分は棚氷がダムのようなって暖かい海水から守られているので、それほど懸念されていなかった。しかし、博士は棚氷のひび割れが確実に広がっているのを指摘した。

ペティット博士とその研究チームは、ここ何年も衛星画像による観察を続けてきたが、最近は、「新しい衛星画像を見るたびに、亀裂が深く、長くなっているのがわかり不安が増す」と述べたのだった。

●海水面は2100年までに約1m上昇

地球温暖化による気温上昇が極地の氷を溶かし、海水面を上昇させることはよく知られている。ただし、北極海の氷塊のように、海に浮かんでいる氷は、いくら溶けても海水面の上昇には結びつかない。コップのなかの水に浮かんだ氷が溶けても、コップの水位が変わらないこと（アルキメデスの原理）と同じだ。

問題となるのは、大陸や島全体を覆《おお》う氷床や山岳氷河など、陸上にある氷が溶けた場合である。陸上にある氷で最大のものは南極大陸の氷で、次がグリーンランドの氷である。もし、これが全部溶けてしまえば、どうなるのか？

世界の海水面は10ｍ以上も上昇するという推計がある。そうなれば、東京もニューヨークも完全に水没してしまう。世界の大都市の水没については、第３章で詳述したとおりだ。

地球温暖化による海水面の上昇に関しては、ＩＰＣＣの「第５次評価報告書」（ＡＲ５）で警告され、最新の「第６次評価報告書」（ＡＲ６）で定説とされた。そのポイントは、次の２点である。

・20世紀の１００年間をつうじて、世界の海水面は約20㎝上昇した。
・今後いまのままのＧＨＧの排出が続いた場合、２１００年までに海水面は最低で63㎝〜１・01ｍ上昇する。

もし最大値の１・01ｍになった場合、南太平洋の島国ツバルは国土の大半が失われ、高潮による被害も甚大になって人が住めなくなる。日本では各地にある数多くの干潟《ひがた》や砂浜が失われる。東京の江戸川区、江東区のような海抜ゼロメートル地帯は、いくら堤防を強化しても、高潮になれば浸水被害を受けるようになる。ニューヨークのマンハッタンも同じだ。イタリアの〝水の都〟ベネ

［図表20］地球温暖化の影響で氷が薄くなり渡れないホッキョクグマ
（ホッキョクグマは2100年までに絶滅の恐れがある）

チアは完全に海に沈んでしまう。

　したがって、南極のスウェイツ氷河の溶解は、大問題なのである。しかし、陰謀論者・懐疑論者はこうしたことを否定するか、あるいは反論するか、無視する。

●ホッキョクグマは単なるイメージキャラクター

　北極の場合、海氷が溶ければホッキョクグマ（シロクマ）が絶滅するということが、地球温暖化の象徴的なエピソードとして語られてきた。すでに北極の海氷は溶け始めており、現在およそ2万6000頭しかいないホッキョクグマは個体数を減らしているという。そのため、「ICUN」（国際自然保護連合）は、ホッキョクグマをレッドリスト（絶滅危惧種）に指定している［図表20］。

　ホッキョクグマは、巨大な海氷の上でエサとなるアザラシを狩って暮らしている。地球温暖化によって氷が減り、アザラシの数が減少している。アザラシは海氷の上で出産や育児を行うため、北極の海氷が溶けてしまえば繁殖ができない。その結果、ホッキョクグマはエサが獲れなくなり餓死するというのだ。お腹を空かしたかわいそうなホッキョクグマの親子が、小さな海氷に乗って漂流する姿が、地球温暖化を警告する本、ウェブ、映画によって、繰り返し紹介されている。

しかし、懐疑論者・陰謀論者は、ホッキョクグマは地球温暖化のイメージキャラクターに過ぎないと言う。そして、次のように主張する。

「ホッキョクグマがヒグマから枝分かれしてこの地球上に誕生したのは、15万〜20万年前。つまり彼らは、われわれホモ・サピエンスと同じころに誕生し、われわれと同様にこれまで氷期と間氷期を生き抜いてきた。最後の氷期が終わったのはいまから約1万2000年前。その後に始まった完新世海進（縄文海進）の時期には、北極に氷はなかった。ホッキョクグマは海氷がないとエサが獲れないとされるが、それならとっくに絶滅していたはずではないのか。

しかも、最近は頭数が減るどころか増えている。それは過去に狩猟の対象だったのが、保護されるようになったからではないのか。

よって、ホッキョクグマが絶滅するというのは、地球温暖化を印象づけるためのプロパガンダに過ぎない」

●水没するはずのツバルは面積が増えている

次に、地球温暖化を裏づける出来事として必ず取り上げられるのが、南太平洋の島国ツバルである。すでに第3章でもふれたが、ツバルの海抜は最大でも4・6mしかない。そのため、IPCCが指摘した年平均3・9㎜の海面上昇が続くと、2100年には国土の多くが水没し、人が住めなくなるという。

しかし、2018年にニュージーランドのオークランド大学の研究チームが、科学誌『ネイチャー・コミュニケーションズ』に発表した論文によると、ツバルを形成する九つの環礁のうち八つでは面積が広がっていて、ツバルの総面積は73・5ha（2・9％）も増えたという。

サンゴ礁の島々では、年々サンゴが成長して環礁が高くなり、そこに砂が堆積して島が拡大していくのだという。サンゴは動物だから、海面が上昇すると、その分速やかに成長するので水没しないのだそうだ。

また、同じように海水面の上昇で危機にあるというキリバスでは、過去70年を見ると、首都のあるタラワ島の面積は増えているという。つまり、ツバルもキリバスも沈まないというのである。

これらの話の真偽は、ここでは問わない。ただ、IPCCの評価報告書などによれば、現在の温暖化のスピードは過去のどんなときよりも速い。氷期と間氷期の数千年のサイクルなどでは説明のつかない、たった100年で1℃以上の気温上昇なのである。

となると、このスピードにホッキョクグマや珊瑚が過去と同じように適応していけるのだろうか？

●毎年のようにやってくる記録的な寒波

地球温暖化懐疑論者がよく言うことに、夏の暑さが厳しくなっているのと同じく、冬の寒さも厳しくなっている。それはどうしたことなのか？　温暖化とは逆に「寒冷化」しているのではないか？ということがある。

たとえば、２０２１年の冬には、こんなことがあった。

・シベリアのヤクーツクでは最低気温がマイナス51℃を記録

・カザフスタンの首都アルマトイ郊外で寒波によって気温がマイナス51℃にまで下がったため、屋外にいた動物は立ったまま凍死した

・カナダ北西部のウェックウェイティでマイナス51・9℃まで気温が下がり、２０１７年以来の国内最低気温を更新

じつは、こうした寒波襲来による最低気温の記録更新は、日本でも近年頻繁に起こっている。た

とえば、２０１８年1月25日の朝、東京都心では48年ぶりにマイナス４℃を記録した。この日、北海道・喜茂別町ではマイナス31・３℃を記録している。２０１８年の冬といえば、欧州も大寒波に襲われ、ドイツでは大雪で立ち往生した車のなかで凍死している難民が発見されて、大きなニュースになった。さらにさかのぼると、２０１４年の冬も厳冬で、ノルウェーでは魚が群れごと瞬間凍結している。北米もたびたび寒波に襲われ、２０１５年2月には、あのナイアガラの滝がほぼ凍結してしまうという考えられないことが起こっている。

こういう冬を経験すると、映画『デイ・アフター・トゥモロー』（２００４年）が描いたように、地球が氷河期に向かうことは、現実にも起こりうるのではないかと思えてくる。

トランプ前大統領は、折り紙つきの地球温暖化否定論者だから、彼の支持者の多くが地球温暖化を否定する。「あんなものは宗教だ。環境活動家は、みな〝温暖化教〟の信徒で、〝ディープステート〟（闇の政府）に操られているだけだ」と言う。

●バイキングの遺跡の年代が特定される

地球温暖化を単純に信じるより、疑ってみたほうが、〝ロマン〟がある。それは、世界の歴史が私たちのいまの常識では捉えきれない経緯をたどってきたからである。

たとえば、アメリカを発見したのはコロンブスではない。北米に最初に到達したヨーロッパ人はバイキングである。2021年10月、時事通信は『バイキング活動年代、初特定　カナダ遺跡の木片、1021年切断　名大の発見が貢献』という記事を配信した。

その内容を要約すると、カナダのニューファンドランド島にある「ランス・オブ・メドー遺跡」（世界遺産に登録されている）がつくられた年代が、正確に特定できたというのだ。その特定の決め手となったのが、名古屋大学の三宅芙沙准教授らが発見した大気中の放射性炭素（C^{14}）濃度が急上昇するという現象だった。

C^{14}は、銀河宇宙線や太陽から飛来する高エネルギー粒子が大気に衝突して発生し、CO_2の一部として光合成で木に取り込まれる。このC^{14}が993〜994年に急上昇していることを三宅准教授らが発見し、それから、木を調べれば年代を特定することが可能になったという。

ランス・オブ・メドー遺跡というのは、バイキングが大西洋を渡って、カナダに定住した証拠となる遺跡だ。コロンブスの新大陸発見よりはるか昔の話で、今回、その年代の特定にあたったのは、オランダのフローニンゲン大やカナダ国立公園局などの研究チームで、彼らは遺跡から得られた木片を調べ、それが1021年に金属の刃で切断されたものと断定したのである。

●中世にグリーンランドでは牧畜ができた

1021年といえば、いまから約1000年前である。

そんな時代になぜ、バイキングがアメリカ大陸に渡ったのだろうか？ それは、この時期、地球の気候はいまと同じか、それ以上にはるかに温暖だったからである。

この時期は、12世紀をピークとする「中世温暖期」と呼ばれ、当時はノルウェーでもワインが生産されていた（現在のブドウ栽培の北限はドイツ）。いまは氷に覆われているグリーンランドでは、10世紀末から14世紀半ばまでの約４００年間、バイキングが牧畜を営んでいたのだ。

８６０年ごろ、バイキングはノルウェーからアイスランドに進出し、さらに９８２年ごろ、アイスランドからグリーンランドに植民した。北欧古代文学の『グリーンランド人のサガ』によると、９８５年にビャルニというバイキングの男がアイスランドからグリーンランドに向かう途中に漂流し、見知らぬ土地を目にしたとされている。そこが、カナダのニューファンドランドだったのは間違いない。

その後、９９２年、ライフ・エリクソンというバイキングの男がビャルニの見た土地への探検を思い立ち、仲間35人と出発して、ヴィーンランド（葡萄の地）、現在のニューファンドランドにたどり着いた。こうして、バイキングはカナダで暮らし始め、漁労、牧畜を行い、村をつくった。

しかし、中世も半ばになると気候は寒冷化し、バイキングたちは村を捨て、新大陸を去ったのである。

このような歴史を知ると、現在の地球温暖化がなぜ問題視されているのか、疑問に思えてくる。むしろ、温暖化したほうがいいとさえ思えてくる。

●「氷期」と「間氷期」が周期的に繰り返す

このバイキングの活躍と同じロマンを感じるのが、もっと長い時間軸で見た地球の歴史だ。

地球の歴史は、「氷期」（glacial period）と「間氷期」（interglacial period）の繰り返しである。寒くなったり暖かくなったりの繰り返しは、地球誕生以来続いている。そのサイクルは、大きくは何千万年、何億年だが、人類が誕生してからの時間で見ると10万年周期である。そのたびに海水面の高さは、１００ｍ以上も変動してきた。

さらに、この10万年の間にも、数百年のサイクルで「ミニ氷期」（寒冷期）と「ミニ間氷期」（温暖期）が繰り返されている。

たとえば、日本の縄文時代前期（約６５００〜６０００年前）のころの世界は、いまより気温が２℃は高かった。そのため、海水面はいまより４〜６ｍも高かったという（地質学的に「完新世海進」と呼ばれる）。東京も、私が住む横浜も海のなかだったのである。

また、私は神奈川県の鎌倉育ちだが、奈良時代・平安時代の温暖期には、この古都の象徴である鶴岡八幡宮のそばまで海が来ていた。大阪も同じだ。大阪湾はいまよりはるかに奥まで入り江になっていた。

セルビアの地球物理学者Ｍ・ミランコビッチは、過去２６０万年間に氷期と間氷期が交互にやって来ている原因を、太陽の放射熱量の変化に求めた。北半球の高緯度地域の夏季日射量が減少すると氷期になり、日射量が増加すると間氷期になることを、研究により指摘した。

その結果、このことを「ミラコビッチ・サイクル」（Milankovitch's Cycle）と呼んでいる。

そしていまは、最終氷期が終わった間氷期で、そのなかで寒冷期と温暖期が周期的に繰り返されているのだという。現在の地球温暖化はそのようなサイクルが原因であり、いずれ、氷期がやってくるという。したがって、現在騒がれている温暖化など取るに足らない問題だという見方がある。

●「クライメートゲート」で論者が活気づく

ここで、地球温暖化懐疑論・陰謀論を語るうえで欠かせない出来事について述べておきたい。

2009年11月に起こった「クライメートゲート」（Climategate：気候研究ユニット・メール流出事件）である。気候研究で有名なイギリス・イーストアングリア大のコンピュータにハッカーが侵入し、研究者たちが交信したメールが流出したという事件だ。

そのなかの一部のメールに地球温暖化が〝でっちあげ〟と解釈できる記述があったため、欧米メディアはセンセーショナルに取り上げ、一時大騒ぎになった。折から、12月には「COP15」が控えていたため、懐疑論者・陰謀論者たちは活気づいた。

焦点となったのは、イーストアングリア大学気候研究所のフィル・ジョーンズ所長が、ペンシルバニア州立大学教授のマイケル・マンが『ネイチャー』誌に載せた「ホッケースティック曲線」(Hockey stick controversy)の論文について書いたメールである。そのなかに「気温の低下を隠すトリック(trick)を終えたところだ」「下落傾向を隠す(hide the decline)」という記述があったため、懐疑論者・陰謀論者たちは、「これこそ温暖化が数字の操作に過ぎない証拠ではないか」と主張したのである。

「ホッケースティック曲線」というのは、過去2000年間の世界の気温推移のグラフ。このグラフは、10世紀から19世紀の終わりまでほとんど変化せず、20世紀に入るころから突然上昇する。そのため、ホッケーの棒を思わせる曲線を描くので「ホッケースティック曲線」と呼ばれ、地球温暖化が人為的なものである証拠とされた。

その結果、「ホッケースティック曲線」は 2001年の「IPCC3」の「第3次評価報告書」(AR3)で取り上げられ、以後、この「ホッケースティック理論」が地球温暖化の基本理論となったのである。

●調査の結果は「データの改ざんはなかった」

欧米メディアの大報道によって焦点の人となったジョーンズ所長は、メールが自分のものであると認める一方で、「間違った文脈で引用されている」「私は科学的に間違ったことはしていない」と反論した。たしかに、「トリック」という言葉は「ごまかし」という意味以外に、「コツ」という意味もあった。

しかし、メディアと懐疑論者・陰謀論者たちの追及に、ジョーンズ所長は、自殺未遂をするまで追い込まれた。

そうしたなか、イーストアングリア大学やイギリス王立協会などの調査が行われ、2010年3月31日、英下院の科学技術委員会は、「関係者に不正はなかった」「温暖化データの改ざんはなかった」と結論づける報告書を発表した。

しかし、以後、IPCCは「評価報告書」の手続きの見直しを行い、「ホッケースティック曲線」を使用しなくなった。地球温暖化人為説が確定したのは、IPCCの2014年の「第5次報告書」（AR5）においてである。ここでIPCCは、地球温暖化の原因が人間活動にあることについて「その可能性が極めて高い」と結論づけた。

このとき採用された気温変動のグラフによると、中世温暖化の時期の気温は、現在と変わらないところまで上昇している。IPCCは、中世温暖化についても確定させたのである。

●気温上昇は過去のどんなときよりも速い

現在の温暖化が周期的なもので、じつは地球は寒冷化に向かっているという見方を、IPCCや多くの学者が否定している。それは、年々、気候変動がひどくなっているからだ。気候変動の原因が地球温暖化によるものだというのは、いまや否定しようがない。

最近のアメリカでの研究によると、冬季に北米を襲う異常な寒波は、北極の温暖化が加速していることが原因だという。北極地域の温暖化によって「極循環」と呼ばれる大気の循環が乱れ、寒気を北米南部まで押し下げている。

2021年に南部のテキサスを襲った大寒波は、そのせいだという。カナダのマイナス51℃も、同じ現象と考えられている。

もう一つ、現在の温暖化が周期的でないのは、温暖化のスピードが異常に速いことで明らかだ。「ホッケースティック曲線」は使用されなくなったが、ほかの研究報告でも、気温上昇が産業革命以後のわずか150年ほどで起こっている。気温上昇のスピードは、過去のどんなときよりも速いのだ。

●氷期は来ないかもしれないという説もある

こうした急激な気温上昇は、ミラコビッチ・サイクルが指摘した日射量の変動のみでは説明できない。そのため、本当の原因が、人類が排出を増大させたGHG、主にCO_2に求められたのである。そうして、このCO_2犯人説は、もはや揺るぎのないものとなっている。

また、太陽からの日射量の変動は、10万年単位まで理論的に計算できるので、それにより将来予測をすると、今後3万年以内に氷期が訪れるとは考えにくいとも言われている。さらに、今後ずっと氷期は来ないとする見方もある。

というのは、ミランコビッチ・サイクルで氷期が来るタイミングが訪れたとしても、人類がGHGを増やし過ぎてしまったので、氷期にはならないというのだ。

人類活動の影響が大きすぎて、それが自然を変えてしまったため、これまでのようなことが起こらなくなる。その可能性がないとは言い切れないというのである。このようなことを総合して考えると、次のような結論になる。

《人類の活動が地球温暖化をもたらした。それにより、産業革命以後、地球温暖化が進んだ。そして、地球温暖化が加速することによって、大きな気候変動が起こるようになった》

●陰謀論を信じてはいけない理由とは？

第10章の最後に述べておきたいのは、地球温暖化にかぎらず、どんな陰謀論でも、それは私たちの知性を衰退させ、思考を停止させ、ただただ家畜のように生きることを強いるということである。陰謀論を信じると、もはやあらゆる思考、努力はムダになる。

なぜなら、この世界は、陰謀によって成り立っていて、その権力者（闇の権力）は私たちにとって雲の上の存在だからだ。私たちは、その権力者の思うがままに生かされているに過ぎない。したがって、この人生でなにをしても無駄ということになる。

その意味で、陰謀論は、弱者、なにも持たない者にとっては、一種の慰《なぐさ》めだ。「そうか、私が不幸なのは、この世界が陰謀で成り立っているからだ」「私が恵まれないのは、けっして私自身のせいではない」と思うことで、救われるからである。

しかし、いったい誰がなんのために陰謀をめぐらしているというのだろうか？ 地球温暖化、気候変動をフェイクとしてしまえば、人類はなにもしなくなる。それはもしかしたら人類滅亡への道だ。いったい誰が、そんな陰謀をめぐらすというのだろうか？

第11章　気候移住時代の到来、北を目指せ！

●クルマや飛行機に乗るな、肉を食べるな

地球温暖化を阻止するには、国家や企業の努力だけでは足りない、個人レベルの努力も必要だと、最近はあらゆるところでキャンペーンされるようになってきた。ウェブにはそういうサイトがたくさんあり、そこには、次のような個人レベルでの対策が挙げられている。

・エアコンの冷房の設定温度を27℃から28℃にする
・エアコンの暖房の設定温度を21℃から20℃にする
・エアコンの稼働時間を1日1時間短くする
・冷蔵庫に食料、飲料を詰め込み過ぎない
・使っていない電源プラグは抜いておく
・間隔を開けずにお風呂に入る
・シャワーの流しっぱなしをやめる
・洗濯はまとめてする
・なるべくゴミを出さないようにする

要するに、CO_2を出さないために節約生活を心がけるということである。しかし、人間の暮らし

というのはなんらかの無駄があって成り立っているので、これらを徹底して実践するのはむずかしい。

さらにむずかしいのは、環境アクティビストたちが主張することだ。彼らは、「地球を救う方法」として「気候正義」（Climate Justice）を掲げ、その具体的な行動として、CO_2を排出するガソリン車、ディーゼルエンジン車に乗るな、飛行機や船にも乗るな、メタンガス発生源は牛などを飼育している酪農であるから肉は食べるなとまで主張する。

こうなると、どこに行くにも徒歩や人力車になるし、誰もがヴィーガン（菜食主義者）にならなければならない。環境アクティビストは、現代文明の否定論者であり、私たちの生活を貧しくさせようとしているとしか思えない。

環境アクティビストのなかでも過激派となると、その行動は度を超えている。たとえば、2021年11月の「COP26」（グラスゴー）では、会場の外でSUVやガソリン車のタイヤの空気を抜くようなことまでやった。また、石油会社、石炭会社の本社ビルにペンキを塗りたくる、ロンドンではナショナルギャラリーでゴッホの「ひまわり」にトマトスープをひっかけるようなことまで仕出かしている。

彼らの主張は「法律が不十分ならば妨害するしかない」で、不服従が気候変動の解決には必要だと言うのだ。しかし、これでは地球を守るのではなくて破壊していることになる。また、犯罪、テロ行為になってしまう。

●地球温暖化を阻止できても世界は元に戻らない

私は、いまの状況では地球温暖化は防げないのではと疑っている。なにより、完全EV化、全固体電池の開発、再エネへの転換、グリーン水素の生産、DAC技術（直接空気回収：大気中のCO_2を取り込んで地中に埋める）の向上、核融合発電の開発などには莫大な投資が必要だし、たとえそれらが達成されたとしても、人口増が続くかぎりはカーボンニュートラルにはならないのではないかと考えている。

それに、人類は一度手にした豊かな生活を、はたして捨てられるだろうか？

さらに、たとえカーボンニュートラルが達成されたとしても、それで地球の気温が産業革命前に戻るだろうか？　気温上昇を1・5℃以内に抑え込めたとしても、そのとき、気候変動はなくなっているだろうか？

気候変動というのは、どんな時代でも絶え間なく起こり、規模を変えながらこれまで続いてきた。気候とはそもそもそういうもので、その変動を本当に少なくできるのだろうか？

新型コロナウイルスのパンデミックもそうだが、ポストコロナの世界が、コロナ以前の世界と同じにはならなかった。それと同じことで、地球温暖化を阻止できたしても、その後の世界がどうなるかはわからないのではないだろうか。

しかし、そうだからといって、地球温暖化に対してなにも対策を取らなければ、状況はもっと悪くなる。人類が滅亡する可能性もある。環境アクティビストたちは、じつはこの点を切実に思いつめているのだろう。

●2070年までに35億人に被害が及ぶ

「本当は温暖化などしていない」「温暖化はウソだ」という懐疑論・陰謀論はいまだに根強い。とくに日本ではそうだ。「欧州のEV一本化は、HVやPHEVといった日本車に対抗できなかったための政治的な謀略だ」というのも、一種の陰謀論である。

そういった側面はもちろんあるが、最優先課題はカーボンニュートラルである。懐疑論・陰謀論に囚《とら》われているうちに、事態はどんどん悪化していく。いまや気候変動は世界各地で猛威を振るい、多くの人々の生活を窮《きゅう》地《ち》に陥れている。

2020年5月、「アメリカ科学アカデミー紀要」（PNAS）で公表された論文『人類の〝気候的ニッチ〟の未来』は、そのことを浮き彫りにした。

〝気候的ニッチ〟というのは英語では「an environmental niche」で、すべての種はその生存に適した環境を持ち、人類も例外ではない。ならば、それはどんな気候条件か？　地球温暖化はそれにどう影響しているか？　などを、気象学者や考古学者、生態学者などによる国際チームが分析したものだ。

それによると、人口増と地球温暖化進行のシナリオによっては、今後50年間に、10～30億人の人々が、過去6000年の間人類が繁栄してきた気候条件の外に押し出されるという。これまで人類の多くは、年平均気温の最頻値が11〜15℃前後の温帯地域で暮らしてきた。これに準じるのが最頻値が20〜25℃前後のモンスーン地域で、全体として地球上のむしろ狭い気候条件の地域が人類の〝気候ニッチ〟だった。それがいま危機に瀕しているというのだ。〝気候ニッチ〟の論文が指摘したポイントは次のとおりである。

「この地球上でもっとも気温が高いのはアフリカのサハラ地域で、年間平均気温は29℃以上。そうした過酷な環境に覆われている地域は地球の陸地の0・8％にとどまる。しかしこの極端な暑さは2070年までに地球表面の19％に拡大し、35億人に影響が及ぶだろう」

「影響を受ける地域には、アフリカのサハラ砂漠以南、中南米、インド、東南アジア、アラビア半島、オーストラリアなどが含まれる」

「気温が1℃上がるごとに、10億人が別の場所への移住を余儀なくされる」

つまり、地球温暖化のペースが速まれば、猛暑地域に暮らす人々は、そこに住めなくなってしまう。そのため、ほかの地域に移住せざるをえなくなるというのだ。

こうした人々を、国連では「環境移民」(environmental migrants) と呼んでいる。そして、環境移民には、国境を越える人々と国内で移動する人々の二つのタイプがあるとしている。

●世界銀行は環境移民を1億4300万人と推計

〝気候ニッチ〟の論文が予測した35億人という環境移民の総数は、なんと全人類の半数近くである。そんな数の人々が、住み慣れた土地、国を離れなければならない日が、本当に来るのだろうか？

かつて、世界銀行は、環境移民の推計を公表したことがある。そこでは、南アジア、サハラ砂漠以南、中南米で、2050年までに1億4300万人が移住を強《し》いられるとなっていた。移住を強いられる原因としては、気候変動による水不足、作物の不作、海面の上昇、高潮などが挙げられ、それらは年々深刻化していると指摘されていた。

世界銀行が取り上げた地域には、もともと経済的、社会的、政治的な理由による難民が何百万人もいる。これに、地球温暖化によって移住を余儀なくされる人々が加わるとなると、なにが起こるだろうか？　間違いなく紛争が起こる。住民同士の争いが多発する。そうして、地域や国は不安定化していく。

そのため、各国は、移住者の増加に対応して、教育、研修、雇用の機会を改善するなどの対策を講じるべきだと、世界銀行の報告書は提言していた。また、気候変動の影響が厳しい地域の人々に対して、いまいる地域に止まるのか、あるいは新しい土地に移住すべきかについて、適切な判断を下せるようにサポートするべきだとも指摘していた。

●すでに始まっている環境移民の大移動

環境移民の増加は、私たち日本人のように温帯地域に暮らす人間にとっても、けっして他人事ではない。なぜなら、元をたどれば、私たちもまた環境移民だったからだ。

人類史を振り返れば、私たち人類は、常に環境に適応することで生き抜いてきた。地球環境が氷期と間氷期を繰り返すなかで、住みやすい土地、すなわち〝環境ニッチ〟を求めて常に移動して生きてきたのである。

その結果、7~8万年前にアフリカを出た人類は、世界中に散らばった。

人類にとって、「移住」は日常茶飯事であり、むしろ「定住」のほうが非日常なのだ。私たちは、太古の昔から、気候変動による洪水、砂漠化、森林破壊、土砂崩れ、干ばつ、海水面の上昇などに対して、現実的な対応として、生まれ育った土地を離れ、移動を試みてきたのである。

こうした歴史をかえりみれば、環境移民の発生は当然のことで、これを促したり、受け入れたりする体制を整えることも、地球温暖化対策として取らざるをえなくなる。気温上昇が予想以上に速いなら、これは急務である。

じつは、環境移民はすでに大量に発生している。国連の推計では、2016年に5000万人に達したとされている。彼らのほとんどは熱帯地域の途上国の人々で、移住先は自国内の都市部である。そのため、アフリカの都市部の人口は増え続けている。

しかし、自国内で移住できればいいほうで、どうしても国外に出なければ暮らせない人々も大量に発生している。そうなると、もはや移民というより「難民」であり、彼らは「気候難民」（climate refugee）と呼ばれるようになった。

しかし、国連の「ＵＮＨＣＲ」（国連難民高等弁務官事務所）では、現在のところ「気候難民」という用語を承認していない。

●環境難民の流入で都市スラムが拡大中

難民問題はいま世界が抱える最大の問題と言っていい。

国連では難民を『難民の地位に関する１９５１年の条約』により、次のように定義している。

「人種、宗教、国籍、政治的意見やまたは特定の社会集団に属するなどの理由で、自国にいると迫害を受けるかあるいは迫害を受ける怖れがあるために他国に逃れた人々」

となると、これを広く解釈すれば、気候難民も難民と言うことができる。しかし、仮に難民と認定してしまえば、いまもこの先も大量に発生する気候難民をどうすべきかが大問題になる。

地球温暖化が進み、大量の気候難民が発生した場合、その処遇をめぐって世界各国が激しく対立する未来が想像される。
すでに、次の国々は、国内に深刻な環境難民問題を抱えている。以下は、その状況を伝えるナショナルジオグラフィック誌などの記事やＵＮＨＣＲのレポートなどからの要約である。

［ケニア、エチオピアの環境難民］

この2カ国は、近年、アフリカのなかでもとくに干ばつの被害が深刻化している。そのうえ、家畜のエサや水をめぐる部族間の抗争がたびたび起こるので、多くの人間が都会へと逃げ出すようになった。
そのため、ケニアの首都ナイロビの人口は増え続け、それとともにスラムが拡大している。ナイロビには、中心街から少し離れた場所に、アフリカ最大のスラムといわれる「キベラスラム」があり、ここには推定で１００万人以上の人間が暮らしているとされる。キベラスラムを含めた全スラムには、ナイロビの人口約４００万人の60%が暮らしているという。コロナ禍はナイロビも襲い、多くの感染者、重症者、死者を出した。

［バングラデシュの環境難民］

バングラデシュの気候変動は、世界のどの地域より深刻だ。毎年のように大規模な干ばつ、熱波、暴雨が襲い、サイクロンによる破壊的な洪水が何度も起こっている。そのため、首都ダッカには、毎年約30万人の環境難民が流入し、人口は増え続けている。現在、ダッカ首都圏の人口は

1600万人を超え、スラムも増え続けている。ダッカのスラム数は4300カ所とされ、そこに300万人以上の難民が暮らしている。

IPCCによると、2050年までに、バングラデシュの主食であるコメおよび小麦の生産量は、1990年の水準に比べて、コメが8％、小麦が32％減少すると予測されている。

［インドの環境難民］

インドでは、過去10年間に1000万人以上が、清浄な空気と好条件の仕事を求め、ウッタル・プラデーシュ州をはじめ人口が過密した北部の州から南部の州に移住した。これは世界のほかの地域とは違う北から南への移住だが、これはインド北部が都市化によって大気汚染が深刻化したうえに、たびたび気候変動による干ばつなどに見舞われたためだ。

その結果、人口が急増した南部タミルナドゥ州のチェンナイは深刻な水不足に陥った。

●移民受け入れ大国、カナダ、ドイツの未来

地球温暖化の加速は、今後、環境移民を増加させるのは間違いない。北半球の場合、移民のトレンドは「南」から「北」だ。人間が快適に暮らせる「コンフォタブルゾーン」（気候ニッチ）は、地球温暖化により、確実に北（高緯度地域）に移動している。

この南から北への移動は、欧米諸国に殺到中の「経済移民」「政治難民」の動きとぴったりと一致する。こうした移民の大きな要因は、これまでは、欧米先進諸国の人口減、それにともなう労働力の不足にあった。しかし今後は、それに加えて、環境移民も受け入れなければならなくなるだろう。なぜなら、それは人権問題であり、地球温暖化の原因をつくったのは、これまでCO_2を大量に排出してきた欧米先進国だからだ。

日本もまた、そうしなければいけないときがくるかもしれない。これまで、低賃金労働力を確保するためだけに「労働移民」を受け入れてきたが、こうした移民政策、難民政策を改めなければならないときが来るだろう。

現在のところ、理由はなんであれ、大量の移民を受け入れているのは、アメリカを除けば、カナダとドイツである。なかでもカナダは、多文化主義を国是とし、毎年1％の人口増加を目標として、約40万人の永住移民を受け入れている。人口が約10倍のアメリカが年間約60万人だから、カナダの移民受け入れ規模は世界一である。その結果、いまやカナダは、どの人種・民族もマジョリティでない多民族・多人種国家になっている。

ドイツは、人口減少による労働力不足を補填《ほてん》し、生産力を強化するため、移民や難民を欧州でいちばん多く受け入れてきた。毎年、イラク、シリア、アフガニスタンなどから数万人を受け入れ、インドからはＩＴ技術者を中心として数千人を受け入れてきた。そのため、反移民感情が高まっているが、この先も受け入れ続けなければ経済は失速してしまう。

カナダ、ドイツ、そしてアメリカから今後の世界を展望すると、移民なしでは経済を維持できないので、今後も多くの移民を受け入れていくのは間違いない。そこに、さらに環境移民、環境難民が加わる。地球温暖化の進行は、このように国家のかたちも変えていくことになる。

はたして、移民に対しても人権に対しても非寛容な日本は、今後、変わることができるだろうか。ここにおいて、地球温暖化対策は、カーボンニュートラルを達成すればそれでいいという問題ではなくなる。

●アメリカ国内でも南から北への動きが

気候変動により住む場所を変える環境移民の発生は、アフリカ、アジアなどの高温地帯だけの話ではない。これまで比較的気候が安定していた温帯の先進国でも起こり始めている。

たとえば、アメリカでは、「気候オアシス」（Climate Oasis：砂漠のなかのオアシスのように暮らしやすいところ）を求めて、移住する人々が出始めた。これに拍車をかけたのが、コロナ禍でテレワークが普及したことで、いわゆる「環境移住」がトレンドになった。その結果、気候オアシスとされる土地の不動産が値上がりしている。

最近、気候オアシスとして注目を集めているのは、やはり、ミシガンやミネソタ、サウスダコタなどの北部の州である。これらの州では、地球温暖化で冬の寒さが和らぐとされているので、移住する人間が増えている。

これまでは、温暖なフロリダ州やアリゾナ州、テキサス州などに移住する人（とくにリタイアメント）が多かったが、最近は、ミシガン州が移住人口でフロリダ州を上回るようになった。そんななか、ミネソタ州のダルースは、最近、気候オアシスの最適地として有名になった。

ダルースはスペリオル湖の最西端に位置する美しい港湾都市。気候区分では、亜寒帯湿潤気候に属し、夏が涼しくて過ごしやすいことから「エアコンの効いた都市」と呼ばれてきた。しかし冬の寒さは厳しく、最高気温が華氏32°F（0℃、氷点）を下回ることがザラだったが、近年は地球温暖化で冬も過ごしやすくなった。

ニューヨークで働く若い世代に、とくに人気なのがバーモント州である。バーモント州はニューヨークに比べると物価が安く、コロナ禍を避けて移住したリモートワーカーに補助金を支給したことで、環境移住地としての人気が一気に高まった。バーモント州もまた冬の寒さは厳しかったが、最近はそうではなくなったという。バーモント州と同じように、ニューハンプシャー州、メイン州も人気を集めている。

●トレンドは「ハイランド」と「ニューノース」

当然だが、環境移住を最初に始めたのは、資金と時間に余裕がある富裕層たちである。ニューヨークの場合、ハリケーン「サンディ」の大水害を見た彼らは、マンハッタンやブルックリンの海沿いの高級住宅地から近隣の高台の住宅地に住居を移すようになった。さらに、余裕のある層は、ニューヨークを離れ、前述したミシガン州やミネソタ州、サウスダコタ州、ワイオミング州、コロラド州、アリゾナ州などの避暑地として有名な高原リゾートに移っていった。

そのため、ジャクソンホールやアスペン、フラッグスタッフなどでは、住宅価格が高騰した。これらの高原リゾートは、今後冬の寒さが和らぐとされるので、新たな住宅開発に拍車がかかっている。コロラド州アスペンは、日本で言ったら、北海道のニセコだろう。オーストラリアの富裕層はパウダースノーを求めてこの地に来て、ニセコが気候オアシスと知って、ここにリゾートハウスを建てるようになった。

アメリカのインターネット不動産大手「Redfin」が２０２１年12月に実施した調査によると、向こう1年間に住宅を購入または売却する計画のアメリカ人１５００人のうち、約10％が気候変動リスクを売却の最大の理由だと答えている。

環境移住というトレンドを象徴する言葉が、「ハイランド」（highland：高地、高原）と「ニューノース」（new north：新しい北部）である。たとえば、マーク・ザッカーバーグはハワイのカウアイ島の高地に土地を買い、ビル・ゲイツは日本の軽井沢に邸宅を建てた。

「ニューノース」として人気の都市は、アメリカでは前記したダルース、ジャクソンホールなどのほか、五大湖周辺のクリーブランド、ロチェスターなど、カナダではトロント、バンクーバー、ヨーロッパでは北欧のコペンハーゲン、オスロ、ヘルシンキ、ストックホルムなどだ。いずれの都市も豊かで、地球温暖化が進んだため冬の寒さは和らいでいる。

アジアでも富裕層は同じような行動をし始めている。私がかつて取材したことがある香港のミリオネアは、日本の箱根と八ヶ岳清里高原に物件を購入した。

驚くのは、なんとグリーンランドのヌークという港湾都市に目をつけ、ここに不動産を購入した人間がいることだ。第10章で述べたように、中世温暖期にバイキングはグリーンランドで牧畜をしていたという記録が残っている。グリーンランドの氷河はすでに溶け出している。

●「大移住・大移民」時代がやって来る!

このように見てくると、地球温暖化対策が進まず、気温上昇、気候変動が避けられないとなれば、環境移住のほかに有効な選択肢はなくなる。CO_2削減のために莫大な投資をするなら、このほうがコストがかからないという見方もある。

歴史的に見れば、人類は常に移動する生物だった。それを考えると、私のような高齢者は別として、これからの時代を生きる若い世代は、これまでの常識を捨て、定住生活より移動生活を目指すべきという意見には納得がいく。

仕事も投資も起業も、これからは「移動」を前提に人生設計をすべきだろう。

単純に気候変動の影響を受けやすい地域の不動産は下がり、受けにくい地域の不動産は上がる。そういう時代がやって来る。人々は、南から北へ、海辺から高台に移住する。

つまり、「大移動、大移住時代」が、いま始まろうとしているのだ。地球温暖化が進む時代はそうした時代だと、私たちは認識しなければならない。次世代の若者が、こうした認識の下にどんな時代を切り開いていくのか。それによって将来は決まるだろう。

おわりに

地球がこのまま温暖化していくと、戦争やパンデミックより悲惨な結末が私たちを待ち構えているかもしれない。なによりも、人間が日常的に生活できるエリアがどんどん狭くなってしまう。私たちが生存できる気温の上限は、ギリギリ50℃ぐらいと思われる。

地球温暖化は気候変動をもたらす。気温、水温が高くなるため、台風、豪雨、洪水、干ばつなどの規模が大きくなり、大被害をもたらす。となると、いまは美しい四季がある日本が、もっとも被害を受けるかもしれない。

日本にかぎらず、世界中が危機に陥り、場合によっては人類の滅亡もないとは言えない。

「地球を救おう」と、富豪たちが立ち上がっている。

石油会社や電力会社などに投資して批判を浴びている〝オマハの賢人〟ウォーレン・バフェットも、それがグリーン投資であることを強調している。批判の的となったオキシデンタル石油は石油会社のなかでもっとも脱炭素に取り組んでいる企業だ。バフェットは、投資先の企業に2030年までにGHGの排出量を5割削減することを義務づけた。

富豪のなかでも、地球温暖化にもっとも関心が高いのが、ビル・ゲイツだ。カーボンゼロへのロードマップを提示し、『地球の未来のため僕が決断したこと 気候大災害は防げる』(早川書房、2021)という本を出版した。ゲイツは省エネ、新エネに莫大な投資をしている。コンパクト原子力発電や核融合発電を開発する企業から、牛のゲップに含まれるメタンガスを削減する研究をしているベンチャーまで、その投資は広範囲にわたっている。

テスラを創業したイーロン・マスクの事業は、どれも人類を救済するという目的を持っている。彼は、ツイッターで「テスラは地球上の生命を守り、スペースXはそれを超えて生命を拡張する」と述べている。BEVはCO_2を出さず、スペースXは人類の火星移住を目指している。彼はCO_2を回収するネガティブエミッション技術の向上のためのコンペティションを開催し、賞金1億ドル(約140億円)を提供している。

アマゾンのCEOジェフ・ベゾスは、100億ドルを投じて「ベゾス・アース・ファンド」を設立し、気候変動を研究する科学者、活動家、NGOを支援している。また、気候変動などの被害者に無料の食事を提供する「ワールド・セントラル・キッチン」(WCK)に1億ドルを寄付した。WCKは、ウクライナ戦争の被害者のために毎日100万食以上の食事を提供している。

しかし、いくら大富豪があり余る資産を投じようと、地球温暖化は簡単には止められない。地球上に存在するすべての国家、企業、組織、個人が本気で取り組んでもままならないかもしれない。

これまで人類は、周囲の自然環境を自分たちの都合のいいように改良してきた。しかし、地球の環境を丸ごと改良したことはない。はたして、そんなことができるのだろうか？

最近、学者たちは地球温暖化対策として、GHGの排出量を減らすだけでなく、出生率を下げるとか、食生活を菜食中心に切り替えるとか、さまざまな提案をするようになった。

生まれてくる子どもの数を1人でも減らすことは、再エネ転換以上の効果があるとする学説まで出ている。つまり、人類の人口を減らせば地球温暖化は防げるというのだ。

IPCCの評価報告書の著者の一人である気候学者のシンシア・ローゼンツワイグは、世界中のほとんどの人がヴィーガンになった場合、2050年までにCO_2にして最大8Gt（1Gtは10億t）相当のGHGの排出が防げると言っている。

私の知り合いのなかには、「温暖化阻止などできっこない」と、〝気候オアシス〟に移住した人間、また移住しようとしている人間がいる。

地球温暖化がこのまま進んだとして、それが人類の生存に耐えがたいレベルになるまでには、まだ時間がある。しかし、その時間がどんどん短くなっているのも事実だ。

生物としての私たちの最大の使命は、いのちを次世代につないでいくことではないだろうか。とすれば、次世代が生存できないような地球にすることは許されない。

すでに高齢者となったので、私はこの先の世界を見ることはできない。地球温暖化が進んだ世界、地球温暖化が止まった世界。そのどちらになるにせよ、そのとき私はこの世にいないだろう。

そんなことを漠然と思いながら、天気を気にしながら暮らす日々を漫然と続けている。

2023年5月　　山田　順

山田　順（やまだ じゅん）

1952年、神奈川県横浜市生まれ。光文社で『女性自身』編集部、『カッパブックス』編集部を経て、2002年『光文社ペーパーバックス』を創刊し編集長を務める。2010年から、作家、ジャーナリストとして活動中。
主な著書に『出版大崩壊』（2011 文春新書）、『資産フライト』（2011 文春新書）、『中国の夢は100年たっても実現しない』（2014 PHP研究所）、『永久属国論』（2018 さくら舎）、『コロナショック』（2020 MdN新書）。近著に『日本経済の壁』（2023 MdN新書）がある。
個人HP：http://www.junpay.sakura.ne.jp/
メルマガ：http://foomii.com/00065

地球温暖化敗戦
日本経済の絶望未来

2023年7月6日 第1刷発行

著　　者｜山田　順
発 行 者｜千葉 弘志
発 行 所｜株式会社ベストブック
〒106-0041 東京都港区麻布台3-4-11
麻布エスビル3階
03（3583）9762（代表）
〒106-0041 東京都港区麻布台3-1-5
日ノ樹ビル5階
03（3585）4459（販売部）
http://www.bestbookweb.com
印刷・製本｜中央精版印刷株式会社
装　　丁｜町田貴宏

ISBN978-4-8314-0252-3 C0030